# A REVOLUÇÃO DA EMBALAGEM

**Dados Internacionais de Catalogação na Publicação (CIP)**
**(Claudia Santos Costa – CRB 8ª/9050)**

Peltier, Fabrice
A revolução da embalagem / Fabrice Peltier ; fotografias : Patricia de Gorostarzu ; tradução : Heci Regina Candiani. – São Paulo : Editora Senac São Paulo, 2025.

ISBN 978-85-396-5399-7 (impresso/2025)
e-ISBN 978-85-396-5400-0 (ePub/2025)
e-ISBN 978-85-396-5401-7 (PDF/2025)

1. Embalagens. 2. Tecnologia. 3. Sustentabilidade. 4. Inovação. I. Gorostarzu, Patricia de. II. Título.

25-2400c CDD – 688.8
BISAC TEC016010

**Índice para catálogo sistemático:**
1. Embalagens : Tecnologia de embalagens : Sustentabilidade 688.8

**FABRICE PELTIER**

# A REVOLUÇÃO DA EMBALAGEM

FOTOGRAFIAS Patricia de Gorostarzu
TRADUÇÃO Heci Regina Candiani

Editora Senac São Paulo – São Paulo – 2025

*Gerente/Publisher*
Luís Américo Tousi Botelho

*Coordenação Editorial*
Verônica Marques Pirani

*Prospecção*
Andreza Fernandes dos Passos de Paula
Dolores Crisci Manzano
Paloma Marques Santos

*Administrativo*
Marina P. Alves

*Comercial*
Aldair Novais Pereira

*Comunicação e Eventos*
Tania Mayumi Doyama Natal

*Tradução*
Heci Regina Candiani

*Edição de Texto*
Karen Daikuzono

*Preparação de Texto*
Cristine Sakô

*Coordenação de Revisão de Texto*
Marcelo Nardeli

*Revisão de Texto*
Júlia Campoy

*Revisão Técnica*
Ricardo Marques Sastre

*Coordenação de Arte*
Antonio Carlos De Angelis

*Capa e Editoração Eletrônica*
Leonardo Miyahara

*Imagens da Capa*
Adobe Stock Photos

*Impressão e Acabamento*
Gráfica Serrano


**Editora Senac São Paulo**
Av. Engenheiro Eusébio Stevaux, 823 – Prédio Editora
Jurubatuba – CEP 04696-000 – São Paulo – SP
Tel. (11) 2187-4450
editora@sp.senac.br
https://www.editorasenacsp.com.br



*Títulos originais*
*La Révolution de l'emballage – Première période: l'émergence de nouvelles solutions*
*La Révolution de l'emballage – Deuxième période: l'expérimentation des nouvelles solutions*



*Projeto gráfico*
Agence Point11

*Nota do autor*: esta obra não constitui, de modo algum, um catálogo promocional. Como em tudo o que escrevi sobre embalagens durante mais de 25 anos, preservo a independência sobre minhas escolhas e minhas palavras. Adquiri grande parte das embalagens apresentadas neste livro, e algumas outras me foram enviadas, a meu pedido, por fabricantes. Optei deliberadamente por não mencionar os nomes das empresas que produzem as soluções de embalagem que apresento como exemplos. O motivo é simples: em primeiro lugar, em alguns casos, não conheço o produtor da embalagem; em outros casos, várias empresas oferecem soluções idênticas. Somente marcas registradas por fabricantes de materiais e de embalagens e as marcas que as utilizam são, eventualmente, mencionadas. Por outro lado, cito em meus agradecimentos todas as empresas que tiveram a gentileza de me enviar informações e amostras gratuitas. Na parte II, em relação aos comentários dos fabricantes ao final da apresentação de seus produtos, dei-lhes total liberdade de expressão. Eles são, portanto, responsáveis por suas afirmações.

# SUMÁRIO

# NOTA DO EDITOR

A reciclagem se tornou um dos temas centrais em discussões sobre a preservação do meio ambiente, uma vez que reduz o desperdício, a poluição, a liberação de gases de efeito estufa, o consumo de energia na extração de matérias-primas e o extrativismo em si, além de gerar empregos em centros de triagem e coleta, fornecendo também um ganho social. O Senac São Paulo, consciente da importância do tema para o meio ambiente e as gerações futuras, traz ao público brasileiro esta obra de Fabrice Peltier, especialista em design de embalagens e pioneiro no design ecológico na França.

*A revolução da embalagem* é composta por dois livros de Fabrice Peltier, *La Révolution de l'emballage – Première période: l'émergence de nouvelles solutions*, de 2020, e *La Révolution de l'emballage – Deuxième période: l'expérimentation des nouvelles solutions*, de 2022, que correspondem, respectivamente, às partes I e II. Por esse motivo, pode-se observar que cada parte é de certa maneira datada, refletindo as ponderações e preocupações do autor no período em que o texto estava sendo escrito. É importante considerar também que se trata de uma tradução, portanto, alguns casos, exemplos e leis dizem respeito à realidade francesa e/ou europeia e podem não se relacionar diretamente à brasileira, valendo aqui a nossa reflexão sobre o assunto e sua aplicabilidade em nosso contexto.

Esperamos que esta obra traga *insights* valiosos para que possamos pensar em novas soluções e repensar nossas escolhas de embalagens presentes no dia a dia, visando a um mundo mais sustentável para as próximas gerações.

# PREFÁCIO*

"Qualquer produtor cujos produtos sejam comercializados em embalagens é obrigado a providenciar a eliminação dos resíduos de suas embalagens." Foi com esse simples decreto de 1º de abril de 1992, para a aplicação de uma negligenciada lei de 1975, que a coleta seletiva de embalagens começou na França. A Éco-Emballages, hoje Citeo, foi a primeira organização ecológica a surgir, fundada no princípio da responsabilidade estendida do produtor, que é responsável por seu produto não apenas enquanto o consumidor o utiliza, mas também após a utilização, para evitar que resíduos de seus produtos se acumulem em aterros sanitários ou cheguem ao mar. Mas essa responsabilidade é compartilhada pelo comprador do produto, que é convidado a dar sua contribuição na eliminação dos resíduos de sua lixeira pagando o imposto local de remoção de lixo. Assim foi concebido o sistema francês de recuperação e tratamento de embalagens, cofinanciado por fabricantes e consumidores, por meio da organização técnica criada por coletivos locais e indústrias. Foi necessário esperar dez anos até que outra organização ecológica surgisse na França. E foi realmente graças a Brune Poirson, em 2019, que o sistema foi generalizado para todas as categorias de resíduos.

É um prazer para mim, trinta anos depois da Éco-Emballages, ler as obras de Fabrice Peltier; ele nos conduz à busca por uma embalagem ideal, que proteja o produto, sirva ao consumidor e preserve a natureza. Já havíamos tido a oportunidade de compreender, em uma obra anterior, que a embalagem evoluiu, que teve de se adaptar a um público mais velho, às novas formas de distribuição e até mesmo às técnicas digitais e à inteligência artificial. Assim, a lata de sardinha poderá dizer que o peixe foi pescado na Bretanha por um pescador artesanal que respeita o mar. Aqui, o autor analisa os materiais de embalagem, as grandes famílias tradicionais, os vidros, os papéis, os metais, os plásticos e até as novas fórmulas inspiradas na ecologia. Ele avalia suas vantagens e desenha seu futuro. É uma enciclopédia para apaixonados! Quais são os critérios para uma boa embalagem? Certamente não conter moléculas que sempre acabamos descobrindo serem tóxicas. Ou economizar recursos, é claro, mas é possível reciclar folhas tão leves que voam com a menor brisa? Paradoxalmente, é o aço que mais se recicla, ao passo que o plástico fica para trás. Sim, entre os mandamentos da política dos resíduos, a reutilização e a reciclagem são essenciais. É que Fabrice Peltier, amante da natureza de seu Mont-Blanc, recusa o desperdício e vê a economia circular como o novo horizonte das embalagens.

Fico maravilhado ao ver o quanto os criadores de embalagens precisam dominar dados extremamente técnicos antes que os consumidores encontrem em suas mesas garrafas, caixas e pacotes em cores encantadoras. Consumidores obviamente não precisam saber tanto quanto Fabrice Peltier, basta escolher a lixeira certa na qual depositar a embalagem, mas é o público quem de fato exerce pressão para que se evite que pássaros e mamíferos marinhos morram por ingerirem tampinhas ou sacolas de plástico. O esforço para melhorar nunca acaba. Prestemos homenagem aos precursores do século passado, porque não se pode imaginar qual era a situação dos resíduos antes que um pouco de ordem tenha sido estabelecida com a primeira ação de coleta seletiva de embalagens. É muito simples, as grandes cidades enviavam os seus resíduos para fora de suas fronteiras, para qualquer buraco de um país vizinho ou mesmo da África. Foi necessário recomeçar tudo: proibir a exportação de resíduos, forçar os Estados a tratá-los

* Esta obra, *A revolução da embalagem*, é composta por dois livros de Fabrice Peltier, *La Révolution de l'emballage – Première période: l'émergence de nouvelles solutions*, de 2020, e *La Révolution de l'emballage – Deuxième période: l'expérimentation des nouvelles solutions*, de 2022, que correspondem respectivamente às partes I e II. Os textos de Brice Lalonde e Brune Poirson, portanto, referem-se à primeira obra, enquanto o de Bertrand Piccard refere-se à segunda. (N. E.)

corretamente para só então encontrar um quadro europeu harmonizado. As embalagens serviam inicialmente para evitar que regulamentações diferentes fragmentassem o mercado europeu. E, desde então, o progresso não parou. Um agradecimento a Fabrice Peltier por ser uma inspiração e por nos revelar as riquezas de sua profissão.

**Brice Lalonde**
Ministro do Meio Ambiente da França de 1988 a 1992

Os gregos chamavam de Kairós a arte de aproveitar uma oportunidade no momento certo e tomar uma grande decisão. É esse Kairós que hoje invocarei, enquanto o mundo é atravessado por uma pandemia causada pela destruição da biodiversidade. Devemos mudar nosso modo de produzir e consumir. É imperativo. Aproveitemos sem mais demoras o trabalho de Fabrice Peltier, que nos mostra o caminho de maneira concreta e sem ideologia.

Soluções emergem. Outro caminho além do "tudo de plástico" e do "totalmente descartável" é possível. Graças a pioneiros como Fabrice Peltier, que nos precedem e nos guiam, com os dois pés na realidade. Chegou a hora de lhes dar espaço para implementar suas soluções pioneiras.

Esse é o propósito da lei antidesperdício para uma economia circular que apresentei em fevereiro de 2020. Seu objetivo é implementar uma estrutura que permita acelerar uma mudança na sociedade: a transição do totalmente descartável para totalmente reutilizável e reciclável. Trata-se de transformar nosso sistema produtivo para colocar a preservação dos recursos naturais no centro. Isso pressupõe a eliminação de embalagens descartáveis, nem sempre necessárias e justificáveis, assim como as embalagens não recicláveis, com o incentivo da reutilização, o desenvolvimento de correções e o emprego da reciclagem.

É o que chamamos de economia circular. É a economia do século XXI que permitirá dar sentido ao capitalismo. É também uma resposta àqueles que querem nos obrigar a escolher uma alternativa estéril, a do crescimento ou a do declínio. A economia circular é uma terceira via, trazendo sentido, empregos locais e respeito ao meio ambiente.

Conscientes da emergência ecológica que os afeta no cotidiano (pandemia, ondas de calor, seca, incêndios sem precedentes), os franceses exigem meios para agir todos os dias, em escala, contra o desperdício dos recursos do planeta. Eles também querem que os esforços sejam distribuídos equitativamente. Eles nos pedem para construir uma sociedade em que todos têm "o poder de fazer", para usar a expressão de Amartya Sen. É por isso que a lei antidesperdício cria cadeias de responsabilidade estendida do produtor, em que há continuidade do legado de políticos visionários e corajosos como Brice Lalonde, que construiu a primeira cadeia de "responsabilidade estendida do produtor", cujo modelo foi adotado em muitos países. Assim, brinquedos, bitucas de cigarro, artigos esportivos e de lazer, artigos de jardinagem, lenços umedecidos e mesmo resíduos de construção serão materiais de uma cadeia específica de reutilização e reciclagem.

A França tem todas as cartas nas mãos para ser pioneira no desenvolvimento de uma economia circular. Ela deve ser um laboratório de inovações para acelerar "a revolução da embalagem", segundo a expressão de Fabrice Peltier. Cabe-nos inventar soluções alternativas para a sociedade do desperdício, a sociedade do tudo descartável e tudo de plástico. Não podemos mais nos dar ao luxo de "gastar ao acaso, sem propósito e sem discernimento" os bens da natureza, segundo a definição de desperdício de Littré. O trabalho de Fabrice Peltier mostra que isso é possível.

**Brune Poirson**
Secretária de Estado da Transição Ecológica de 2017 a 2020

Quando ouvimos falar em embalagens, logo pensamos no problema, no desperdício de recursos, na poluição. Poderia ser de outra forma? É possível vislumbrar soluções? É isso que Fabrice Peltier se esforça para fazer com brilhantismo.

Sempre fascinado por quem tenta alcançar o impossível a ponto de querer seguir o seu exemplo, vejo os problemas como perguntas que ainda não foram respondidas. Durante as minhas duas viagens mundiais em um balão, sem escalas, depois em um avião solar sem combustível, encontrei muitos céticos para me explicar por que eu jamais teria sucesso. Não deixemos a eles muito espaço hoje, diante da situação ambiental e climática. Existem muitos problemas, certamente, mas não é mais estimulante encontrar soluções para eles do que lamentar? Para sair do catastrofismo, vamos privilegiar o pioneirismo, com novas formas de pensar e agir.

É, sem dúvida, por esses motivos que o destino das embalagens me preocupa. Assim como este paradoxo: a embalagem é originalmente uma resposta a um problema, o de facilitar o comércio de produtos e manter sua integridade, antes de ter se tornado ela mesma um problema. O que ela irá se tornar agora? Os esforços para torná-la mais adequada continuam e, graças a exploradores da inovação como Fabrice Peltier, vamos descobrindo aos poucos o que há de melhor em termos de soluções.

Nesta nova obra, Fabrice nos mostra como as tecnologias sobre as quais ele nos falava há alguns anos se tornaram soluções concretas e prestes a serem implementadas. Nós compartilhamos dessa mesma filosofia de explorar soluções que tenham tanto impactos ambientais como sociais e econômicos, para que sua implementação seja vantajosa para todos; e, como gosto de dizer, para que a abordagem se torne tão lógica quanto ecológica.

Essa abordagem é o princípio fundamental da Fundação Solar Impulse que criei paralelamente à minha última volta ao mundo. Se o avião solar era apenas um primeiro passo para mostrar que tecnologias limpas e energias renováveis permitem atingir metas *a priori* impossíveis, o objetivo da fundação agora é demonstrar que existem centenas de soluções para conciliar ecologia e economia. Até o momento, identificamos mais de 1.450 delas, capazes de liderar a transição ecológica de uma maneira financeiramente lucrativa.

Isso também se aplica às embalagens, que poderíamos começar a considerar mais como uma oportunidade e menos como uma restrição. A embalagem mais verde é, certamente, aquela que não usamos. Mas seu papel continua a ser crucial em certas circunstâncias, como bem nos lembra Fabrice Peltier. É, portanto, uma questão de encontrar a embalagem certa.

Outro princípio que norteou minha trajetória, e que tenho o prazer de encontrar neste livro, é o da eficiência. Se o Solar Impulse foi capaz de voar dia e noite com energia solar, é porque construímos um avião tão eficiente a ponto de se contentar com o que o sol lhe oferecia. O princípio da eficiência é simples: fazer melhor com muito menos. Um princípio universal que também se aplica tanto à energia como às embalagens.

Um grande agradecimento, portanto, a Fabrice Peltier, que aplica esses princípios ao mundo das embalagens há anos e nos apresenta nesta recente obra um panorama de soluções que permite a todos nós, tomadores de decisões, empresários e cidadãos, iniciar amanhã a "revolução" das embalagens.

**Bertrand Piccard**
Pioneiro e fundador da Fundação Solar Impulse

*Ao meu pai, que me guiou para me tornar quem eu sou e que partiu para abrir um novo caminho quando eu terminava este trabalho.*

*À minha Pomme Allumette, que está sempre ao meu lado no enfrentamento de todos os desafios e que, mais uma vez, esteve ao meu lado para me ajudar a concluir este trabalho.*

*Também dedico este livro aos meus filhos, Gladys e Valentin, porque é por eles e seus futuros filhos que tenho feito durante todos esses anos o chamado à revolução da embalagem!*

# AGRADECIMENTOS

Agradeço a Brune Poirson e Brice Lalonde, por seu compromisso infalível com a preservação do nosso ambiente, e a Bertrand Piccard, que me honraram ao escrever os prefácios à minha obra.

Agradeço a todas as pessoas que me ajudaram com seus conselhos e revisões: Vincent Colard, Carole Fonta, Christophe Morin, Tiziano Palito, Henri Saporta, Bruno Siri e Éric Bégaud.

Agradeço a todas as empresas que, para a parte I deste livro, tiveram a gentileza de responder às minhas perguntas e me enviaram gratuitamente suas embalagens para que eu pudesse fotografá-las. Em ordem de aparição na obra: Sirane Group, BillerudKorsnäs, Coca-Cola, Bonduelle, Smurlit Kappa, Stora Enzo, MKTG Industry, Mustang Paper Tray, FDR Emballages, Lebhar, Sealpac, Virgin Bio Pack, Multivac, Coopakoo, Sorepack, Iggesund Holmen Group, Frais Emincés, Cellulopack, Éco Feutre, Elopak, Xela Pack, One Glass Wine, Hoerauf, GEA, 3EPack, Paboco, Frugalpac, Free Form Pack, The Loop Factory, Elipso, Jockey, Knauf Industries, Alpla, PRP Création, Gualapack, Gacogne Sacs, Faerch, ITM Alimentaire Internationnal, UPM Raflatac, Tetra Pak, Dimmidisi, Blanchet SA, Sulapac, NaturePlast, Green Gen Technologies, Unikeco, PaperFoam, Alg&co, Armen Paper, Lactips, Embellium.

Agradeço a todas as pessoas e empresas que, para a parte II, tiveram a gentileza de responder às minhas perguntas, bem como de dar seus testemunhos de maneira sincera às minhas análises intransigentes de suas embalagens.

Agradeço também a todas as pessoas que se mobilizaram para comprar e me enviar os produtos que descobri em países distantes em que era difícil chegar: Mehmet Ciftci, Claudia Joseph, Valentin Peltier e Sophie Volovik.

Agradeço a Patricia de Gorostarzu por fotografar pacientemente todas as embalagens apresentadas e a Antoine Bergerat pelos retoques mágicos.

Gostaria de agradecer a toda a equipe da Point11 e à agência M, em especial a Jean-Paul Urbe, Jérôme Gros, François Corneloup, Inès Alves, Emeline Rabier, Sandrine Milkowski, Léa Ninot e Karyl Théodore, que idealizaram, diagramaram e produziram esta obra.

Agradeço a Natacha Ami pela sua valiosa ajuda e pelos sábios conselhos.

Por fim, gostaria de agradecer calorosamente a toda a equipe da All4Pack Packaging Show e sobretudo à Olivia Milan, que me permitiu produzir este livro.

"Estamos no princípio da revolução.
O alarme tocou, é hora de acordar,
a revolução das embalagens já está em curso!"

**Fabrice Peltier**

PARTE I – PRIMEIRO PERÍODO

# O SURGIMENTO DE NOVAS SOLUÇÕES

## Revolução!
## Cá estamos, e com vários *Rs*.

Revolução da *regulamentação* para todos os setores produtivos e usuários de embalagens.

Revolução da concepção de embalagens para continuar a *reduzir* a quantidade de materiais utilizados.

Revolução na origem dos *recursos* utilizados para produzir materiais de embalagem.

Revolução para garantir a *reciclagem* de todos os tipos de embalagens existentes no mercado.

Revolução para *reintegrar* em circuitos fechados um número cada vez maior de materiais recicláveis.

Revolução para garantir um *retorno* razoável de embalagens biodegradáveis não recicláveis à terra.

Revolução para tornar as embalagens *reutilizáveis* sem gerar impactos ambientais colaterais.

Em suma, revolução para *reinventar* as embalagens de modo que respeitem mais o nosso bem comum: o meio ambiente.

Os consumidores agora exigem que as embalagens respeitem mais o meio ambiente: 100% recicláveis, biodegradáveis, reutilizáveis, 100% recicladas. Todos os resultados dos estudos sobre o assunto convergem para percentuais que se aproximam dos 100%, portanto, não se trata mais de uma tendência para as embalagens, mas de um verdadeiro prerrequisito. As embalagens do futuro devem obrigatoriamente respeitar mais o meio ambiente e ser impacto zero, resíduo zero. Aqueles que pensam que uma nova tendência poderá abalar essa convicção do consumidor, de que a epidemia de covid-19 promoverá uma reviravolta de opinião, estão errados. Não haverá como voltar atrás. Quando uma revolução chega ao ponto de ser tão desejada e esperada pelo povo e, um fato inédito, pelos governantes, que depois dos últimos anos promulgaram leis para mudar as coisas, nada pode pará-la.

Estamos no primeiro período dessa revolução da embalagem. E, guardando todas as devidas proporções, poderíamos compará-la à fase do Terror durante a Revolução Francesa. Cada um defende a sua posição, sua solução, sua inovação, proclamando seus argumentos "definitivos". Quem será o mais respeitoso com o meio ambiente, o mais verde, mesmo que isso signifique não hesitar em distorcer as nuances. Grandes marcas que ainda ontem cultivavam o segredo para divulgar no último minuto suas inovações chegaram até a comunicar com vários meses de antecedência, ou até um ano antes, novas embalagens revolucionárias que ainda não colocaram no mercado. Algumas embalagens até eram declaradas "prontas para serem recicladas", ainda que a cadeia de reciclagem não existisse ou estivesse apenas na fase do estudo de viabilidade.

Esse é o destino de toda revolução. No início, é hora de lemas de impacto que prometem um mundo melhor; é também a hora do caos. As ideias vêm de todos os lados. Algumas não sobreviverão à revolução. Outras serão aperfeiçoadas e talvez prevaleçam. Depois disso, uma certeza, parte das embalagens do mundo anterior sobreviverá a essa revolução ou será visivelmente diferente.

Neste primeiro período da revolução das embalagens, proponho que você observe, sem preconceitos, as tendências emergentes nas principais famílias de materiais de embalagem. Você vai perceber que muitas soluções estão prestes a surgir. Cada uma delas tem vantagens, mas também desvantagens. Algumas embalagens já estão no mercado, outras em fase de industrialização, ou, para os mais disruptivos, em fase de protótipo.

Por meio deste livro, convido você a descobrir a situação atual das embalagens, as tendências, bem como os caminhos e perspectivas inovadoras que detectei para a reinvenção da embalagem de 2040.

Capítulo 1

# PAPÉIS

Era um fato já perceptível desde o início dessa revolução: as embalagens de papel e papelão se inserem em muitos mercados. Algumas parecem ressurgir do passado, da época em que o plástico não era onipresente, outras são completamente inéditas, inovadoras, e nos mostram que as embalagens de papel vivem atualmente um verdadeiro período de reinvenção.

## Um pouco de história

**O papel foi inventado na China por volta do ano 100 d.C. Trata-se de uma pasta de papel feita com a ajuda de tecidos velhos e cascas vegetais.**

**Em 751, a batalha de Samarcanda resultou na derrota dos chineses, que revelaram aos vencedores árabes os segredos da fabricação do papel. A invenção se espalhou até a Andaluzia, sob o domínio dos muçulmanos espanhóis. Foi então, perto de Córdoba e depois de Sevilha, que surgiram os primeiros moinhos de papel da Europa.**

**Em 1799, no início da Revolução Industrial, Louis-Nicolas Robert, jovem inspetor da papelaria d'Essonne, obtém a patente da sua invenção: a primeira máquina de papel ininterrupta, capaz de produzir mais papel e a um preço mais baixo.**

**A industrialização massiva do papel começou em 1825, e a do papelão, por volta de 1850.**

Os papéis e papelões são feitos de fibras vegetais virgens, celulose extraída da madeira e/ou fibras de celulose recicladas, obtidas a partir de materiais coletados, aos quais podem ser acrescentados aditivos, agentes de tratamento, corantes ou fibras sintéticas. Essas fibras são transformadas em pasta e depois em folhas de papel e em placas, que podem ser compostas por várias camadas de papel ou papelão.

Os papéis e papelões são comumente usados na fabricação de embalagens primárias, secundárias e terciárias, sendo encontrados principalmente nos seguintes elementos das embalagens:

- Papéis: sachês, sacos, folhas, rótulos, etc.
- Papel-cartão: suporte para cartelas, caixas, invólucros.
- Cartão tipo paraná: caixas, caixotes, estojos, cápsulas, etc.
- Papelão ondulado branco e kraft: placas, engradados, paletes, caixotes, suportes e caixas.
- Papel espiralado: tubos, tubetes, cofrinhos, embalagens para perfumaria, etc.
- Papelão alveolar ou colmeia: placas, engradados, paletes.
- Polpa moldada: suportes, caixas, bandejas.

Os papéis podem ser coloridos na massa, impressos e montados por colagem ou mecanicamente. Podem também ser associados a materiais plásticos e/ou a metais, principalmente alumínio, formando um material complexo de múltiplas camadas utilizado na fabricação de caixas cartonadas, retangulares e cônicas, para bebidas e alimentos líquidos, caixas, potes e tampas ou invólucros para todos os tipos de produtos.

Todas as embalagens de papel, incluindo as de múltiplas camadas complexas constituídas de pelo menos 50% de fibra de papel, levando-se em consideração os elementos da embalagem, são recicláveis na França, com exceção das embalagens reforçadas e/ou revestidas. Deve-se ter em mente que se o sistema da tampa não pode ser separado do corpo da embalagem, ele é parte integrante da unidade e deve ser considerado ao avaliar a composição da embalagem. Caso possa ser separado, é considerado um elemento independente.

Existem estruturas de coleta, tecnologias de reciclagem e capacidade industrial, e a demanda de fibra de papel reciclado é significativa. No entanto, a reciclagem de embalagens de papel pode ficar comprometida por aquilo que continham, por exemplo, as embalagens usadas para embalar produtos perigosos que podem ser transferidas para as fibras. Além disso, a transformação e o acabamento dos suportes de papel podem gerar dificuldades concretas ou mesmo desestimular o interesse na reciclagem pela presença de tinta de impressão em grandes quantidades, vernizes, marcas metálicas (*hotstamping*), visores plásticos, etc. Tudo isso faz com que, apesar do conhecimento e das precauções dos recicladores, as fibras obtidas de embalagens de papel reciclado possam conter quantidades residuais de substâncias indesejáveis ou mesmo perigosas para a saúde humana. É por isso que as fibras provenientes de cadeias de reciclagem nem sempre são qualificadas para contato direto com alimentos.

**OBSERVAÇÃO**

Na Alemanha, o índice aceito para que uma embalagem seja considerada reciclável na cadeia do papel é de 95%; na Bélgica, é de 85%. Não é impossível que o percentual aceito na França, de 50%, seja sensivelmente elevado para que se alinhe ao de nossos vizinhos europeus. Os recicladores provavelmente não se oporiam a isso.

## A importância da origem da fibra

A fabricação de qualquer embalagem de papel começa com a escolha da fibra. As fibras com menor impacto vêm de recursos reciclados, de madeira de florestas geridas de modo sustentável ou são produzidas com uma mistura das duas fibras.

Observação: o argumento "evite o corte de árvores", alegando que árvores são derrubadas para produzir embalagens de papel, é falso. Na Europa, as árvores são cortadas de maneira sustentável e responsável para outros fins que não a produção de embalagens. Elas servem, sobretudo, como materiais de construção: estruturas, móveis, madeira, etc.

De acordo com o Conselho Nacional de Embalagens da França, a indústria de embalagens em papel utiliza em média 75% de fibras recicladas e 25% de fibras virgens provenientes de subprodutos da exploração sustentável de florestas.

Na França e mais amplamente nos países desenvolvidos, as florestas estão em expansão e são geridas de modo sustentável, dispondo de mecanismos de certificação.

# Papéis voltam com tudo

Com pouco mais de 1 milhão de toneladas de embalagens domésticas colocadas no mercado francês e uma taxa de reciclagem de 68%, as embalagens de papel ocupam um lugar preponderante na economia circular. Elas representam 25% da tonelagem de embalagens no mercado doméstico e 50% da tonelagem das embalagens industriais e comerciais.

Consequência do desenvolvimento do comércio eletrônico ao longo dos últimos anos e de um questionamento sobre as embalagens plásticas, esse material está em crescimento e deve ter sua participação no mercado ampliada ainda mais se considerarmos o interesse crescente que desperta no setor de embalagens.

Materiais do futuro porque são renováveis, recicláveis e biodegradáveis, os papéis estão hoje no centro das questões de design ecológico, ou ecodesign, de embalagens domésticas. Os consumidores também preferem embalagens de papel: de acordo com um estudo realizado pelo Instituto Kantar em janeiro de 2019 com 20 mil pessoas, 87% dizem preferir produtos em embalagens de papel porque têm "mais respeito com o meio ambiente".

Embalagens de papel são vistas como alternativa emergente, especialmente diante da dificuldade de reciclar certos polímeros sintéticos e da poluição dos oceanos por plásticos. No entanto, para se afirmarem, devem melhorar seu desempenho, principalmente adquirindo propriedades de barreira, portanto se "plastificando" em maior ou menor grau, ao mesmo tempo em que conservam suas virtudes ambientais e permanecem 100% recicláveis.

# Nove tendências para embalagens em papel e papelão

A observação dos mercados utilizadores de embalagens em todo o mundo revela um aumento na utilização de recipientes feitos majoritariamente de papel e papelão. Distinguimos dez grandes tendências:

- Tendência 1: 100% celulose, 100% reciclável.
- Tendência 2: substituição.
- Tendência 3: impermeabilização.
- Tendência 4: embalagem flexível reciclável.
- Tendência 5: bandeja de papel.
- Tendência 6: princípio da caixa cartonada sob várias formas.
- Tendência 7: plástico flexível para conter o produto em embalagens de papel ou celulose.
- Tendência 8: grande formato "bag in box".
- Tendência 9: suporte de papel-cartão.

## Tendência 1

## 100% celulose, 100% reciclável

Uma das regras básicas do design ecológico de embalagens consiste em conceber embalagens feitas de um único material, a fim de minimizar o impacto sobre as fases de fornecimento e processamento de materiais, além de facilitar sua reciclagem. A embalagem em papel-cartão com visor de plástico de origem fóssil ou vegetal, por exemplo, não é uma embalagem feita de um material único. Esse visor de plástico torna-se um elemento disruptor durante a fase de reciclagem. Por isso, algumas marcas apenas escolhem retirar completamente esse visor de suas embalagens para que se tornem 100% recicláveis. Outras optam por uma janela translúcida de celulose, reciclável na cadeia do papel.

Isso também vale para sistemas de abertura, como bicos dosadores. Cada vez mais as marcas vêm abandonando o metal e o plástico para produzi-las com o mesmo material da embalagem. Desse modo, o conjunto é 100% composto por celulose e 100% reciclável.

De acordo com a afirmação óbvia de que "a embalagem que mais respeita o meio ambiente é aquela que não existe", remover um visor de plástico que é um elemento disruptor no processo de reciclagem de embalagens de papel é, portanto, uma boa abordagem. Evidentemente, o conteúdo da embalagem não está mais visível, mas para muitos dos produtos a reprodução de um belo visual parece ser mais que suficiente. Assim, a embalagem passa a ser constituída por 100% papel e é 100% reciclável.

Os bicos dosadores das embalagens de papel são, em geral, peças adicionadas feitas de metal ou plástico. Para substituí-los por soluções 100% de papel, existem sistemas engenhosos de dobras, como os propostos pelas marcas Cérébos e Daddy. Nesses casos, novamente, a embalagem é 100% produzida em papel e, por isso, é 100% reciclável.

Sempre com o espírito de evitar elementos plásticos das embalagens de papel para que elas se tornem monomateriais e 100% recicláveis, acompanhamos o aprimoramento de algumas embalagens que foram equipadas com peças de plástico. É o caso da caixa de lenços Lotus, que substituiu seu sistema de abertura com um filme plástico por uma solução 100% de papel. Assim, a embalagem agora é 100% feita de papel.

Para as marcas que desejam que o conteúdo de suas embalagens permaneça visível sem, para isso, utilizar o visor ou o filme plástico, resta a solução do papel translúcido de celulose de madeira. Ele, sem dúvida, não é transparente e a visão do conteúdo da embalagem não é perfeita, mas parece ser suficiente para determinados produtos. Dessa maneira, a embalagem é 100% composta de papel e 100% reciclável.

## Tendência 2

## Substituição

Acompanhamos há algum tempo uma mudança radical em diferentes mercados e para diversos tipos de embalagens, primárias e secundárias: o plástico está sendo abandonado e substituído por uma solução de embalagem de papel.

Mesmo que o ganho ambiental nem sempre seja provado por meio de uma avaliação do ciclo de vida (ACV), essas novas soluções derivadas de fibras de celulose de madeira, de material renovável e/ou de fibras recicladas acompanham a direção da história. Todas elas são, na maioria dos casos, 100% recicláveis e, portanto, consideradas pelos consumidores como mais respeitosas com o meio ambiente.

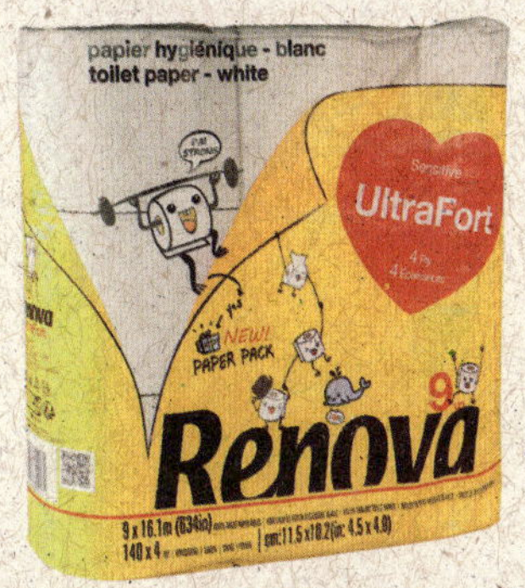

Se existe uma embalagem emblemática dessa tendência de substituição, é exatamente a do papel higiênico. As marcas Rénova e Le Trèfle abandonaram o filme de polietileno para embrulhar seus rolos de papel higiênico em favor de uma folha de papel. Trata-se, talvez, de um retorno às origens para a marca de quatro folhas, uma vez que ela afirma em sua publicidade que a qualidade de seu papel higiênico é apreciada pelos franceses desde 1904. De fato, como devemos a invenção do filme plástico a Ralph Diley, estagiário do laboratório Dow Chemical em 1933, com comercialização a partir de 1949, não duvido que, antes daquela data, a embalagem do papel higiênico Le Trèfle era de papel.

A marca de toalhas de papel de cozinha Sopalin também abandonou o filme plástico. O movimento de substituição parece estar ganhando força no mercado de produtos de papel.

Para o início do ano letivo de 2020, o Carrefour suprimiu todas as embalagens plásticas da sua gama de material escolar. Inicialmente embalado em sacos plásticos transparentes, fechados com um suporte de papel cartonado, os produtos agora são apresentados todos em invólucros de papel cartonado, nos quais são reproduzidas imagens dos artigos embalados.

Mais e mais indústrias em diferentes setores do consumo de massa acreditam, com razão, que as propriedades de barreira dos materiais plásticos não são tão necessárias para proteger seus produtos. Elas optam agora por soluções compostas por embalagens exclusivamente de papel ou papelão. Assim, caixas e tubos cilíndricos de papelão substituem embalagens inicialmente feitas de plástico para conter todos os tipos de produtos. No mercado francês de hastes de algodão, por exemplo, com a obrigação, por lei, de não utilizar hastes de plástico, certas indústrias do setor vão até o fim dessa abordagem abandonando também os sacos e as caixas em plástico para embalar seus produtos em uma simples caixa de papel.

Na área de papelaria, algumas marcas substituem blisters feitos total ou parcialmente de plástico por soluções 100% de papel, algumas mais e outras menos sofisticadas. Para a Pilot, trata-se de um blister cartonado inviolável com uma visão fotográfica das canetas contidas e um pequeno visor sem proteção; para o Carrefour, uma caixa simples para ser pendurada, também equipada com um visor sem proteção.

Observamos a mesma tendência nas embalagens de lâmpadas. As cartelas feitas total ou parcialmente de plástico e as caixas de plástico são substituídas por soluções 100% de papel. Trata-se de caixas que podem ser empilhadas ou penduradas, com suporte interno e visor da lâmpada sem película protetora.

Os filmes termoencolhíveis para agrupamento também estão sendo cada vez mais questionados pelas marcas. Teisseire e Red Bull não os utilizam. Na França, a Coca-Cola anunciou que mudará para um wrap feito de papel cartonado para agrupar suas latinhas, o que já acontece em alguns países, principalmente nos Estados Unidos. A Bonduelle também usa papelão para fazer pacotes de seus produtos enlatados. A caixa de leite da Candia sem alumínio foi lançada em embalagens de papelão marrom em agrupamentos de seis unidades.

As soluções minimalistas já são sugeridas para criar envoltórios de latinhas e garrafas. Para a Heineken, é uma simples folha de papel cartonado recortada que permite agrupar as latinhas e erguê-las pela parte de cima; para a Nor-Grip®, uma folha de papel-cartão cortada e dobrada que une as garrafas pelo gargalo. Um pouco mais sofisticadas, a TopClip®, da Grolsch e da Budweiser, bem como a KeelClip™, da Coca-Cola, permitem oferecer uma área de superfície de comunicação maior e facilitar o empilhamento de pacotes graças a uma cobertura de papel-cartão.

## Tendência 3

## Impermeabilização

Os papéis, de modo geral, são hidrofílicos, ou seja, têm forte tendência a absorver umidade, água e gordura. Isso limita seu uso a embalagens de produtos secos ou exige a adição de outros materiais quando queremos criar barreiras à água e às gorduras.

As soluções que permitem superar esses pontos fracos são os tratamentos físicos ou químicos das superfícies, como revestimento, laminação e aplicação de películas. As embalagens de papel à prova d'água são compostas de acordo com versões com 90% a 98% de papelão e um filme de barreira complexa. Existem vários tipos de filmes compostos por diversos materiais cuja composição varia dependendo das propriedades desejadas para a barreira. Assim, o papel pode ser combinado com diversos tipos de polímeros, principalmente o polietileno tereftalato (PET), o polietileno (PE) ou o polipropileno (PP) e, em alguns casos, o alumínio. Portanto, não se trata de embalagens zero plástico, mas essas soluções chegam perto de oferecer características de barreira à umidade, ar e luz indispensáveis a muitos produtos alimentícios. O alto teor de fibras de papel de muito boa qualidade dessas embalagens as transforma em um recurso interessante para a cadeia de reciclagem do papel e papelão. No entanto, a parte plástica representa, assim como a cola das embalagens ou os grampos das revistas, um intruso durante a reciclagem. Mas, contanto que todos esses elementos indesejados existam em pequena quantidade, eles não comprometem a qualidade da reciclagem. Um grande influxo desse tipo de embalagem, no entanto, poderá rapidamente tornar-se problemático, por isso, sem dúvida, há a necessidade de aumentar na França o percentual de papel que eles contêm, como já ocorre na Bélgica e na Alemanha.

Há alguns anos, as caixas de papel têm aparecido em vários mercados de produtos secos, como farinha, sal, açúcar, cacau, café, salgadinhos, etc. Elas podem ser de formato redondo, quadrado, retangular e oval e são equipadas com tampas de encaixe. Os filmes de revestimento de barreira interna são adequados para a conservação do produto acondicionado. De acordo com o modelo, a quantidade de plástico usada no corpo da caixa, na tampa, na membrana e no fundo representa uma porcentagem de 2% a 8% do peso total da embalagem, e é inferior a 5% no mercado alemão para que se possa integrá-la à cadeia de reciclagem do papel.

Inicialmente usados para iogurtes e sobremesas cremosas fechados com lacre de alumínio, os potes de papel começam a ser utilizados em substituição aos potes plásticos para laticínios como manteiga, queijo, creme de leite encorpado, sorvete, etc. Eles apresentam as mesmas características das embalagens de papel com películas de barreira adaptadas. A tampa geralmente é ajustada ao redor da borda externa da caixa. Dependendo da versão, o filme utilizado para o corpo da caixa, a membrana e o fundo representa uma porcentagem de 2% a 10% do peso total da caixa. Essas embalagens à prova d'água também podem, portanto, ser integradas à cadeia de reciclagem do papel.

Alguns potes não necessitam de um tratamento de superfície ou de verniz externo. É o caso, por exemplo, dos potes de macarrão instantâneo. Esses potes também têm um aspecto externo de papelão em sua cor original e proporcionam uma sensação tátil natural.

O mercado de higiene e beleza também se adapta ao papel para fazer desodorantes em barra, batons e bases em bastão. A tecnologia utilizada é a do tubo de papel espiralado, em que a parede interna é coberta por uma camada muito fina de revestimento de barreira.

## Tendência 4

# Embalagem flexível reciclável

Embalagens de plástico flexível, por exemplo, sacos e sachês, são frequentemente apresentadas pelas marcas aos usuários como ecologicamente corretas, porque são mais leves e usam muito menos plástico do que as embalagens rígidas. No entanto, a maior parte delas não é reciclável pelos recursos atuais, uma vez que é feita a partir de filmes plásticos combinando diferentes polímeros, e até mesmo alumínio, que são inseparáveis pelas tecnologias atuais.

Sacos e sachês feitos de papel e plástico começam a surgir em diferentes mercados. As soluções propostas consistem, principalmente, em uma folha de papel opaco ou translúcido unida a um filme plástico ou revestida com uma fina camada de plástico. Essa camada garante a selagem térmica da embalagem e confere a ela as propriedades desejadas de vedação.

Essas embalagens flexíveis feitas de papel e plástico são consideradas recicláveis na França quando compostas por mais de 50% de fibra de papel. Mesmo assim, vale a pena lembrar que esse regulamento se aplica ao conjunto da embalagem, incluindo o sistema de fechamento. No entanto, sua utilização massiva poderá rapidamente criar problemas aos recicladores de papelão em virtude da presença excessiva de plástico nos dispositivos de separação (desagregadores). Isso certamente explica, mais uma vez, a necessidade de aumentar consideravelmente o percentual de papel contido nesse tipo de embalagem, como acontece na Bélgica e na Alemanha.

O novo sachê com fundo liso e tampa dosadora da Daddy é emblemático dessa passagem do filme plástico para a folha de papel e o polietileno (PE). Trata-se de um primeiro passo, pois o conjunto da embalagem contém muito plástico. A tampa com bico dosador é constituída por mais de 50% de plástico, portanto, não é reciclável na cadeia do papel.

O sachê pré-formado *form-fill-seal* (FFS) ou *stand up pouch* da Nesquik é constituído por 97% de papel, sendo os 3% restantes compostos por um material plástico que garante a característica de barreira. A barreira de sachê de papel utilizado para formatos em máquinas de envase do tipo flowpack da Yes é garantida por um verniz aquoso. Esses dois sachês essencialmente compostos por fibras de papel são recicláveis na cadeia do papel em todos os países europeus.

Para alguns de seus produtos, a marca alemã de congelados Frosta também opta por não utilizar os sachês plásticos em troca dos sachês de papel para torná-los recicláveis.

Os sachês em papel seláveis são produzidos de acordo com uma nova tecnologia que permite criar embalagens impermeáveis para produtos secos, como açúcar, cereais, farinha ou outros pós usando papel monomaterial que não contém nenhuma fração de polímero. A máquina de fabricação de sacos permite o revestimento de uma superfície mínima com um agente protetor à base de celulose exclusivamente nas partes a serem seladas por calor. Assim, esse tipo de sachê contém zero plástico e é 100% reciclável, fornecendo uma quantidade extremamente reduzida de impurezas no processo de reciclagem do papel.

Os sachês de papel são opacos por natureza; eles não permitem que você visualize seu conteúdo. Em compensação, a técnica de calandragem de um filme plástico em uma folha de papel permite criar áreas de transparência em locais onde não há papel (janelas). Essa prática, no entanto, requer a utilização de uma película plástica mais ou menos espessa. Outra solução, para frutas e legumes, por exemplo, consiste em colar uma tela para fechar o visor. Contudo, quanto mais áreas abertas existem, maior a porcentagem de papel e mais plástico chega ao fluxo de reciclagem.

A empresa Les Crudettes e a rede de distribuição Carrefour estudam substituir seus sachês transparentes para saladas feitos de polietileno biorientado (BOPE) por um sachê translúcido que permite a visualização do seu conteúdo. Esse sachê é feito em EarthFilm® high barrier, um papel translúcido à base de celulose, coberto com um revestimento de barreira. Esse sachê é reciclável na cadeia do papel.

## Tendência 5

# Bandeja de papel

As bandejas plásticas descartáveis para alimentos são, assim como as garrafas de plástico, apontadas e eleitas como culpadas por todos os danos ambientais. A lei francesa EGalim, publicada em novembro de 2018, proíbe a partir de 1º de janeiro de 2025 o uso de recipientes de matéria plástica para cozinhar, aquecer ou servir alimentos nos serviços de restaurantes coletivos de estabelecimentos escolares e universitários, bem como em centros de acolhimento para crianças menores de 6 anos. Essa medida é válida tanto para restaurantes coletivos, públicos e privados, como para comerciais. Além disso, a lei relativa à luta contra o desperdício alimentar e a favor da economia circular (Agec), publicada em fevereiro de 2020, proíbe a partir de 2022 a apresentação e venda de frutas e vegetais frescos não processados em acondicionamentos compostos, no todo ou em parte, por material plástico, caso se trate de um conjunto de peso inferior a 1,5 kg.

Essas proibições foram acompanhadas de outras medidas que demonstram a firme vontade da França e da Europa para reduzir ou mesmo proibir de maneira mais ampla o uso de plástico em embalagens descartáveis.

Tais medidas em cascata obrigam os fabricantes de bandejas a encontrar rapidamente novas soluções e a propor planos B com urgência. Nesse contexto, alternativas para bandejas feitas de papel aparecem em quase todos os lugares, para numerosas aplicações, ainda que elas não sejam completamente sem plástico.

O mercado de frutas e legumes é obrigado a fazer a transição plástica conforme a data-limite para a proibição se aproxima. Vários formatos de bandejas em papel cartonado ou papelão micro-ondulado já aparecem nas gôndolas das lojas. Essas bandejas de papel são, evidentemente, 100% recicláveis.

A bandeja lacrada feita de papel também está sendo implementada para substituir as bandejas plásticas. Existem muitas opções, feitas principalmente de papel liso dobrado, com uma margem ou uma borda enrolada para lacre com selagem térmica. O corpo desse novo tipo de bandeja, feito de papel com ou sem revestimento interno, é reciclável na cadeia do papel depois que se toma o cuidado de separá-la do lacre, que não é reciclável.

Existem também bandejas com um ou mais visores transparentes. Elas são feitas com filme transparente produzido com celulose. Esse filme, feito de plástico de origem vegetal, não é reciclável, mas é biodegradável em ambiente industrial. Isso permite ao fabricante apresentar o conjunto da embalagem como industrialmente compostável. Essa escolha é discutível, pois, em decorrência do baixo teor de plástico, essas bandejas devem ser recicladas na cadeia do papel.

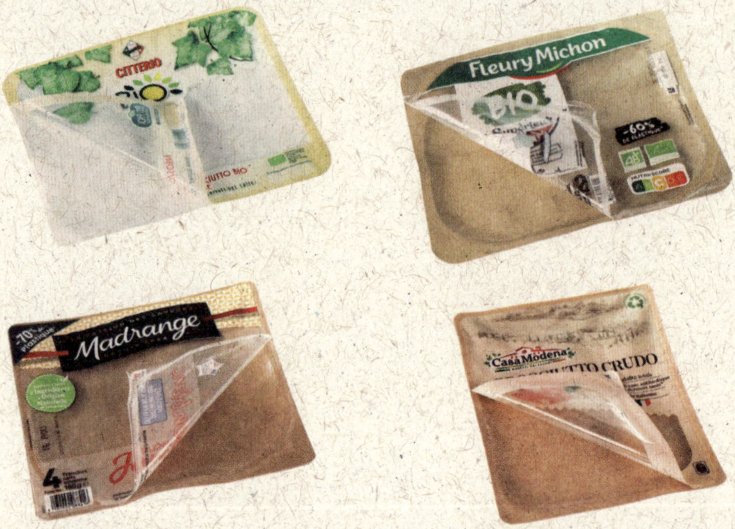


O mercado de charcutaria embalada também está entrando nessa revolução. No caso desses produtos sensíveis, é impossível abandonar completamente o plástico, porque é ele que oferece as barreiras à água e ao oxigênio indispensáveis à proteção e conservação. No entanto, ao substituir a bandeja plástica por uma bandeja constituída por uma folha de papel-cartão coberta com uma fina camada de plástico, conservando a tampa plástica para o fechamento, as marcas podem obter reduções que variam de 60% a 70% no uso do plástico. Desse modo, a parte de papel de suas embalagens é reciclável, pois é constituída majoritariamente por fibras; já o lacre continua sendo um resíduo não reciclável da embalagem.

Ainda para o mercado de charcutaria, mas também para o de carne e peixe, vemos surgir muitas soluções que consistem em aplicar uma película de filme plástico sobre uma folha cartonada, dobrada ou pré-formada, ou uma bandeja de polpa moldada, fechada com lacre de plástico transparente. Uma vez que esse lacre plástico é arrancado para liberar o conteúdo, o suporte de papel se torna reciclável em sua cadeia.

Para pratos cozidos, as soluções de papel revestido com uma camada ou uma película de plástico se multiplicam. Existem muitas opções de papel-cartão ou micro-ondulado, com tampa dotada ou não de visor. Dependendo da composição, essas novas bandejas são recicláveis na cadeia do papel ou se apresentam como destináveis à compostagem industrial quando a parte plástica é compostável, o que é, repetindo, uma escolha questionável.

A tecnologia DeLight® permite moldar uma folha de papel-cartão previamente impressa e com uma película de barreira interna e agregar a ela uma área de vedação de plástico para criar recipientes rígidos feitos sob medida, com várias formas, profundidades e capacidades. Essas bandejas são naturalmente adaptadas ao conteúdo de proteção do produto e permitem a preparação em forno tradicional ou no micro-ondas. Compostas majoritariamente por papel, elas são recicláveis no fluxo de embalagens desse material.

Acreditava-se que a polpa moldada estava reservada à produção de caixas de ovos, mas ela está prestes a se tornar o material do futuro para a produção de bandejas com formatos específicos, tigelas e caixas de hambúrguer. Não se trata de uma celulose sem acabamentos, em grande parte proveniente da reciclagem, mas de uma polpa moldada de alta densidade produzida com fibras virgens de madeira, bambu ou bagaço, ou resíduo fibroso da cana-de-açúcar. Essas bandejas são mais finas que as caixas de ovos tradicionais, com espessuras que podem chegar a até 1 mm, e acabamento das superfícies muito mais liso. Algumas têm revestimento interno em plástico laminado, cuja composição é adaptada às necessidades de proteção do conteúdo. Por sua natureza essencialmente fibrosa, elas são recicláveis na cadeia do papel. Algumas bandejas de polpa moldada, com forro em bioplástico compostável, podem ser apresentadas como destináveis à compostagem industrial.

## Tendência 6

## Princípio da caixa cartonada sob várias formas

As caixas cartonadas para alimentos pertencem à família das embalagens multicamadas. Elas são compostas, em média, por 75% de papelão, 21% de polietileno (PE) e 4% de alumínio. São apresentadas como alternativas que respeitam o meio ambiente porque são compostas, em sua maior parte, por recursos renováveis e porque utilizam menos plástico. Elas são recicláveis na cadeia do papel. No entanto, o fim de sua vida útil permanece um tema de debate porque o polietileno e o alumínio residuais da reciclagem, após a recuperação das fibras (ou seja, um quarto das embalagens), são resíduos que nem sempre são reciclados ou valorizados, ainda que a cadeia para isso exista.

A tecnologia de fabricação de embalagens cartonadas para alimentos, que consiste em dobrar e realizar a selagem térmica de uma folha de papelão com plástico e alumínio, é utilizada hoje para criar diferentes formatos e tipos de embalagens: frascos, cilindros, tubos, etc.

A caixa cartonada Pure-Pak® Imagine adota um formato ergonômico que permite uma abertura fácil sem tampa plástica e contribui para verter melhor o líquido. Essa caixa é constituída de papel-cartão marrom natural complexificado com polietileno (PE), sem alumínio na parte interna.

A fusão de papel, plástico e alumínio é usada para fazer muitas embalagens pequenas: amostras, doses únicas para as necessidades de restaurantes e hotéis, além de pequenos recipientes para vinhos e outras bebidas alcoólicas. Todas essas embalagens pequenas pressupõem um menor uso de material plástico e um volume minimizado de desperdício de embalagens após o uso em comparação com recipientes de plástico ou vidro da mesma capacidade.

Atualmente é possível produzir embalagens em forma de latas por meio da mesma tecnologia utilizada em caixas cartonadas para alimentos. Esses cilindros de papelão permitem, assim como as caixas cartonadas de alimentos, otimizar a logística, pois o material utilizado na confecção da embalagem é entregue em bobina a ser moldada no local de envase. Isso evita o transporte de embalagens vazias do local de produção das embalagens até o local de envase, que às vezes pode estar a várias centenas de quilômetros de distância.

Essas bisnagas multicamadas acabaram de aparecer no mercado de cosméticos. Os fabricantes alegam uma redução significativa na quantidade de plástico utilizado. No entanto, tais bisnagas ainda não são recicláveis porque sua extremidade e sua tampa plástica, bem como o filme de barreira utilizado, representam mais de 50% do peso total da embalagem. Com certeza, estão sendo estudadas melhorias para fazer com que essas bisnagas se tornem recicláveis.

## Tendência 7

## Plástico flexível para conter o produto em embalagens de papel ou celulose

A redução máxima da quantidade de plástico nas embalagens leva, inevitavelmente, à concepção de embalagens flexíveis. No entanto, essa redução não deixa de ter consequências no sistema de embalagem. As embalagens flexíveis não são autossuficientes e, portanto, devem ser acondicionadas em embalagens secundárias e/ou em caixas para transporte até o ponto de venda. Em termos de uso, as embalagens flexíveis deformam sob a pressão dos dedos e não oferecem facilidade no manuseio nem uma utilização tão precisa para verter o conteúdo quanto os recipientes rígidos. Por fim, quando compostas por filmes multicamadas, que combinam diferentes polímeros e materiais para garantir as propriedades de barreira ao ar e à luz, as embalagens flexíveis não são recicláveis.

A solução do filme plástico flexível contido em uma estrutura rígida visa eliminar essas três desvantagens. Seu princípio consiste em acomodar um saco, geralmente composto por um homopolímero, o polietileno tereftalato (PET), polipropileno (PP) ou polietileno (PE), básico e sem transformação, em um corpo fibroso que pode ter a forma de uma bandeja, um pote, um frasco ou uma garrafa. Consequentemente, o plástico utilizado é um monomaterial minimamente processado, sem corante nem tinta de impressão, que cumpre perfeitamente as funções de proteção do produto que contém. A proteção contra a luz vem do corpo feito de papel cartonado, que também serve para enrijecer a embalagem, dando-lhe controle manual e oferecendo uma superfície de comunicação.

Para serem totalmente recicladas, essas embalagens de papel e plástico devem ser previamente separadas. Essa ação pode ser realizada pelo consumidor; sendo assim, será necessário orientá-lo neste passo de triagem e insistir para que ele o execute. No entanto, em certos casos, quando a embalagem é bem desenhada, a separação pode ser feita automaticamente na trituração em caminhões de lixo e nos centros de triagem.

Seja como for, essas embalagens são concebidas com o objetivo de minimizar a quantidade de plástico utilizado e facilitar sua reciclagem: o papel de um lado e o homopolímero do outro, desde que este último, é claro, entre em um fluxo existente.

Novas bandejas compostas por filme flexível lacrado e uma estrutura de papel cartonado, destinadas ao condicionamento sob uma atmosfera protetora, surgem no mercado. Seu princípio é baseado em uma utilização mínima de plástico, com adaptação do peso e da espessura à quantidade exata para proteção e conservação do conteúdo. A estrutura externa de papel cartonado dá rigidez à embalagem e oferece uma superfície de comunicação de 360°. O papel produzido pode ser proveniente de fibras virgens de florestas certificadas e até integrar fibras recicladas, desde que não entrem em contato direto com o conteúdo alimentício. Instruções de triagem incentivam o consumidor a separar a parte plástica do papel, a fim de que este último seja reciclado. Quanto ao plástico flexível, a reciclagem depende de sua composição e de dispositivos de reciclagem existentes.

A embalagem 3Epak® pode trazer à mente uma caixa cartonada de alimentos porque retoma o mesmo princípio. No entanto, não é feita com um material composto. Tudo fica separado: a estrutura de papelão dobrado é uma espécie de caixa que contém um saco plástico de polietileno (PE). O conjunto é fechado por uma tampa de plástico com furo para deslizar um canudo. Tudo se solta sem esforço após o uso para entrar no fluxo de reciclagem. Segundo seus criadores, esta é uma primeira versão que está atualmente em fase de aprimoramento. O objetivo é reduzir ainda mais a aplicação do plástico, principalmente com a substituição da tampa plástica pela de papel.

As garrafas de papel que podemos descrever como de primeira geração existem há anos nos Estados Unidos e acabam de aparecer na Europa. Seu princípio é envolver um saco flexível de polietileno de alta densidade (PEAD) entre dois cascos rígidos de formato original, feitos de polpa moldada de qualidade média. Essa celulose provém de uma mistura de fibras virgens e recicladas prensadas a seco em um molde. Essa solução composta de vários materiais é, certamente e em última análise, mais pesada do que um saco flexível único ou uma embalagem plástica com a mesma capacidade; isso pode levar a pensar que estamos do lado oposto dos preceitos do design ecológico. No entanto, não se trata disso, pois a composição da embalagem é em grande parte proveniente de materiais renováveis e reciclados. Além disso, essa solução permite reduzir o máximo possível a proporção de plástico homopolímero utilizado, sem implicar na produção de embalagens externas protetoras. Assim, após o uso, a embalagem é 100% reciclável, pois o saco interno será aceito em novos dispositivos desenvolvidos para sacos de monomaterial flexível.

Embora só cheguem ao mercado europeu em 2021, as garrafas de papel de nova geração são anunciadas com grande apoio publicitário por diversas marcas desde 2019. O princípio de fabricação e os materiais utilizados são diferentes daqueles já existentes nos Estados Unidos. Trata-se de um recipiente moldado em celulose de fibras virgens de boa qualidade, prensadas úmidas contra um molde. Essas são embalagens cujas formas, solidez e qualidade da textura são comparáveis ao que pode ser produzido com plástico. O recipiente interno que garante a impermeabilização e proteção nada mais é do que uma pré-forma de polietileno tereftalato (PET) ultraleve virgem ou reciclado (rPET). Esse recipiente é soprado diretamente no corpo de polpa moldada. Mais uma vez, a quantidade de plástico utilizado é consideravelmente reduzida em comparação à de uma garrafa plástica clássica com a mesma capacidade, e tudo é 100% reciclável após a separação mecânica.

O vinho 3Q, da vinícola italiana Cantina Goccia, é embalado em uma nova garrafa de papelão com capacidade de 750 mL. Chamada de *Frugal bottle*, essa embalagem é composta por 94% papelão reciclado cortado e colado em volta de um saco multicamadas de plástico e alumínio dotado de uma tampa de plástico de rosquear. O conjunto só pesa 83 g. Essa garrafa é produzida a partir de uma folha de papel que permite que se crie uma impressão de 360°. Uma vez esvaziada, o consumidor deverá separar o saco do papel para colocar este último na lixeira de triagem seletiva, de modo que seja reciclado.

## Tendência 8

## Grande formato “bag in box”

Seguindo o mesmo objetivo de redução da quantidade de plástico colocada no mercado, a “bag in box”, ou saco dentro da caixa, se torna uma alternativa para grandes volumes. Esse tipo de embalagem não é novo, mas até o momento foi usado principalmente no mercado do vinho. Agora, está sendo desenvolvido para novos segmentos como os de água e lavanderia. Ele é uma alternativa eficaz para o comércio eletrônico, o transporte, a venda a granel e os grandes volumes.

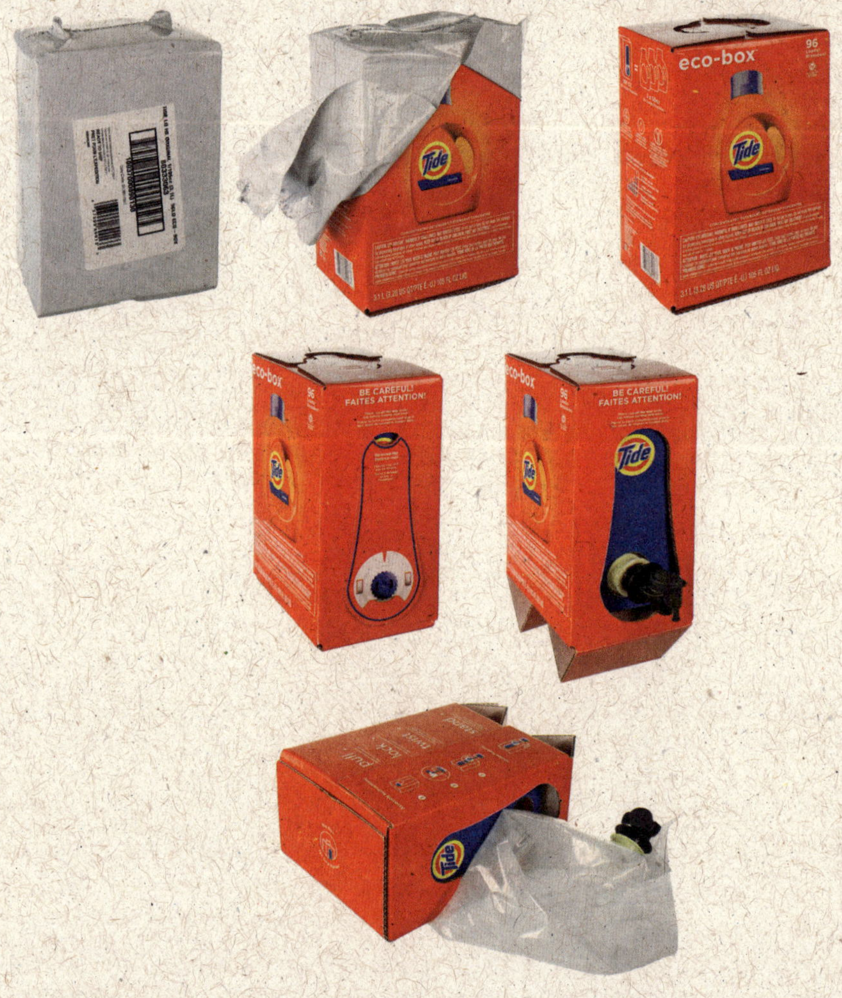


As “bag in box” estão em expansão em diversos setores e não são mais sinônimo de produtos de baixo custo, como geralmente é o caso do vinho.

## Tendência 9

# Suporte de papel-cartão

Os elementos de suporte ou berços em caixas e estojos presentes em diversos mercados, como os de produtos eletrodomésticos, de informática e telefonia, de vinhos e destilados, bem como de cosméticos, eram muitas vezes produzidos em plástico termoformado à base de poliestireno (PS) ou polietileno tereftalato (PET). Para embalagens de grandes formatos e industriais, o poliestireno expandido (EPS) também é aplicado. Essas peças funcionais e indispensáveis à proteção do conteúdo das embalagens também se revelavam como problemáticas durante a fase de reciclagem, pois não eram separadas pelos consumidores ao realizarem o descarte nas lixeiras seletivas de origem.

Para evitar esse inconveniente e tornar as embalagens e seus suportes 100% recicláveis, vemos atualmente uma tendência de substituição. O plástico é substituído por soluções de papelão que permitem realizar os acondicionamentos primários e secundários em um só material.

Esses suportes integralmente feitos de papelão ou celulose correspondem perfeitamente aos critérios de proteção do conteúdo e às qualidades estéticas desejadas em diferentes setores, além de serem 100% recicláveis junto com a embalagem de papelão em que estão contidos.

As indústrias que desejam abandonar o poliestireno expandido (EPS) para suporte de produtos nas caixas de embalagem pesquisam soluções de substituição. Com o papelão ondulado marrom cortado e dobrado, é possível produzir o suporte no mesmo material do papelão da embalagem, que envolve perfeitamente o produto contido. Assim, o conjunto pode ser reciclado no mesmo fluxo.

Os suportes em polpa moldada não são mais uma novidade. No entanto, com as novas tecnologias de moldagem de fibras de celulose virgens de melhor qualidade, estão aparecendo suportes em polpa moldada muito bem-feitos dentro das embalagens. Esses suportes permitem que as indústrias disponibilizem uma embalagem monomaterial 100% reciclável.

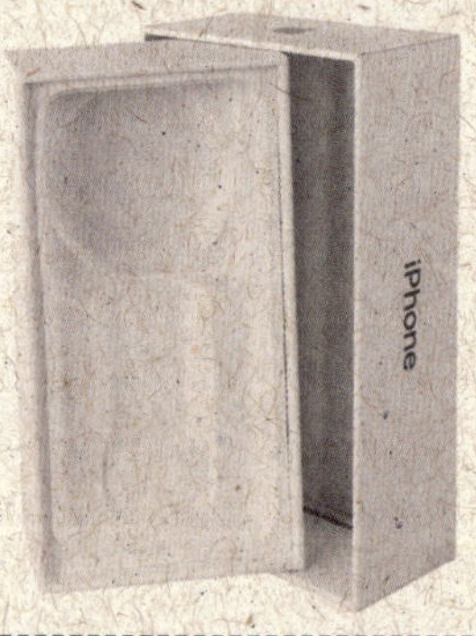


Certos produtos eletrônicos e cosméticos utilizam atualmente suportes de textura lisa que são parecidos ou até mesmo confundidos com plástico. No entanto, trata-se de peças em polpa moldada produzida a partir de fibras virgens. Elas também são todas 100% recicláveis junto com as embalagens cartonadas em que estão contidas.

# Perspectivas para o papel

Como acabamos de constatar, as embalagens de papel estão em plena revolução. Elas continuam a se aprimorar e a se reinventar!

Para torná-las ainda mais eficientes, as indústrias devem continuar a trabalhar nos seguintes eixos:

- Desenvolver tratamentos que permitam garantir aos papéis propriedades de barreira, como resistência a água, ar e gordura, deixando de lado a maior quantidade possível de plástico para preservar a reciclabilidade na cadeia com uma quantidade mínima de acessórios ou outros materiais.
- Ampliar as soluções e comprovar que elas são adequadas para o contato com alimentos e podem entrar nas linhas de embalagem asséptica.
- Simplificar as embalagens de papel para economizar matéria-prima, reduzir o impacto ambiental, otimizar custos e logística (por exemplo, embalagens de comércio eletrônico).

# Papelão cada vez mais em forma

Os progressos na moldagem das folhas de papel ou papelão são extremamente rápidos. Novas tecnologias desenvolvidas pelos fabricantes de papel permitem conquistas notáveis.

Com a polpa moldada a partir de fibras virgens, em breve será possível, aparentemente, produzir embalagens de complexidade formal e sutileza de moldagem idênticas às que um material plástico possibilita.

Os recipientes FreeFormPack® são produzidos a partir de folhas de celulose FibreForm®, que permitem a alteração de formas e a gravação de relevos bastante profundos. Uma técnica de dobradura e selagem térmica semelhante à das caixas cartonadas de alimentos permite produzir recipientes com formas e relevos muito originais.

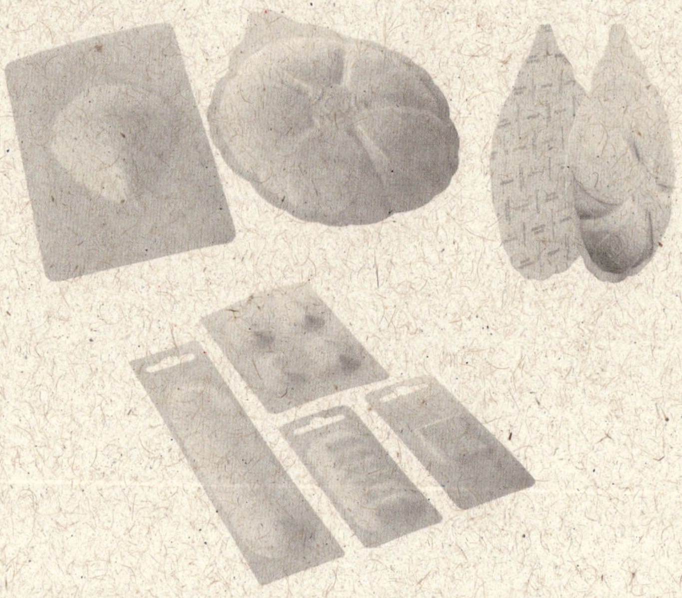

Bandejas, cartelas, etc. Conforme pode-se observar, as possibilidades de personalização das formas são quase ilimitadas com o papel.

Yangi®, da The Loop Factory, é uma tecnologia de moldagem de celulose a seco que permite produzir recipientes de complexidade formal idêntica à produzida por termoformagem de plástico.

# Belas perspectivas da cromatogenia

A cromatogenia é uma tecnologia que torna o papelão hidrofóbico, ou seja, resistente à água, sem combiná-lo a nenhum outro material.

Como? Ao enxertar uma molécula de ácido graxo em uma pequena parte das moléculas de celulose que compõem o papelão. Por meio desse procedimento, sem modificar as propriedades mecânicas ou estéticas, a textura, nem mesmo a reciclabilidade do papelão, ele se torna um papel hidrofóbico: a gota de água rola na superfície em vez de ser absorvida.

Essa tecnologia pode ser combinada a outras soluções para fornecer, além da barreira à água, propriedades de barreira à gordura e/ou ao oxigênio.

## O princípio da cromatogenia

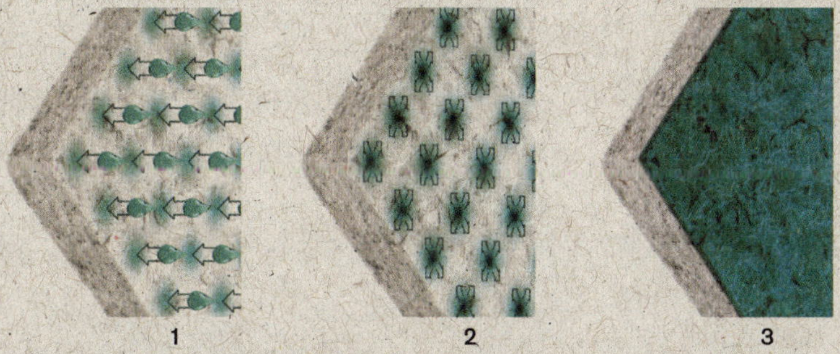


1 – Deposição de pequena quantidade de reagente na superfície do papel.
2 – Aquecimento do reagente, propagação por difusão.
3 – Formação de ligações éster entre ácido graxo e celulose.

# A revolução do papel está em curso!

Capítulo 2

# PLÁSTICOS

As embalagens plásticas são muito eficientes: à prova d'água, leves e resistentes a choques, temperaturas e luz ao mesmo tempo que preservam seu conteúdo. Esses materiais permitem criar embalagens com formatos originais, dotadas de características excepcionais. Os plásticos podem oferecer todo esse desempenho usando um mínimo de matéria-prima. No entanto, eles nunca foram tão criticados, questionados, rejeitados e, em alguns casos, até mesmo proibidos. Nesse contexto agitado, a indústria de embalagens plásticas e as cadeias de reciclagem estão acelerando sua transição.

## Um pouco de história

**Podemos dizer que a descoberta dos materiais plásticos ocorreu na Antiguidade, quando os egípcios já usavam as propriedades plásticas da gelatina óssea, da caseína do leite e da albumina dos ovos. Vários séculos antes de Cristo, os homens também utilizavam as propriedades plásticas de chifres, cascos de tartaruga e âmbar aquecidos e moldados para produzir diversos objetos.**

**No entanto, foi a partir da segunda metade do século XIX que se iniciou o desenvolvimento de novos materiais plásticos como borracha, nitrocelulose, colágeno e galalite. Esses materiais semissintéticos eram, então, produzidos a partir de polímeros naturais modificados quimicamente.**

**Um dos primeiros materiais plásticos utilizados industrialmente foi inventado por Alexander Parkes, em 1855: o Parkesine, que conhecemos hoje sob o nome de celuloide. Um avanço decisivo se deu em 1907, quando o químico belga-estadunidense Leo Baekeland criou a baquelite, primeiro plástico inteiramente sintético produzido em série.**

**Portanto, até o início do século XX, a fabricação de plásticos de síntese se dá a partir de recursos naturais como celulose e caseína. Logo depois, ela dá lugar à síntese de materiais fósseis, principalmente petroquímicos. As necessidades militares das duas guerras mundiais levam a um desenvolvimento industrial e tecnológico extremamente rápido dos plásticos sintéticos. Em 1945, depois da Libertação da França e com o aumento do consumo de massa na década de 1950, o plástico se torna um material de embalagem e é considerado descartável. A crise do petróleo dos anos 1970 nos faz compreender que é preferível reciclar o plástico, contudo, seria necessário esperar até 1992, com o Decreto Lalonde, para que se faça isso. Hoje, ainda estamos longe desse objetivo...**

Existem, sob a designação "plástico", diversos polímeros sintéticos que podem ser extrudados, termoformados ou até mesmo injetados. Esses diferentes polímeros são compostos por longas cadeias macromoleculares formadas por moléculas elementares, monômeros reunidos. Essas cadeias são compostas principalmente por átomos de carbono nos quais estão fixados elementos como hidrogênio ou oxigênio. Outros elementos, principalmente cloro, nitrogênio ou flúor, também podem ser utilizados na composição de polímeros.

Podem ser distinguidas três famílias principais de polímeros: termoplásticos, termofixos e elastômeros. Os termoplásticos são os polímeros mais frequentemente usados para fazer embalagens. Eles são compostos por cadeias macromoleculares lineares ou ramificadas. Sob a influência do calor, essas cadeias deslizam umas sobre as outras, o polímero amolece e pode ser alterado e ganhar forma em um molde. Após o resfriamento, a forma dada é fixa. Essa operação pode ser repetida: aquecido novamente, o polímero torna-se maleável outra vez e pode ser remodelado. Essa característica é exclusiva dos polímeros termoplásticos e é ela que permite que sejam reciclados.

Os principais termoplásticos utilizados na fabricação de embalagens são:

- Estirenos: poliestireno (PS) e poliestireno expandido (EPS).
- Poliolefinas: polietileno de baixa densidade (PEBD), polietileno de alta densidade (PEAD) e polipropileno (PP).
- Vinis: cloreto de polivinila (PVC).
- Poliésteres: polietileno tereftalato (PET).

Alguns desses polímeros também podem ser combinados entre si para obter a complementaridade ou mesmo a sinergia de propriedades. Essa associação pode ser feita em nível molecular, as ligas poliméricas, ou, no caso da associação de camadas, os complexos.

Muito mais jovens do que o vidro, os metais ou o papel, os plásticos assumiram, em poucos anos, uma função preponderante no setor de embalagens. Agora, eles estão em primeiro lugar, tanto na França como no resto do mundo, em termos de valor e de volume de material processado no setor, à frente do papelão. Também são, de longe, o principal material de embalagem em unidades de venda ao consumidor em todos os mercados, pois possibilitam a produção de embalagens mais leves.

O setor de embalagem é o principal comprador dos plásticos, com uma participação de 45% na França e de 40% na Europa. O setor agroalimentar absorve 68% das embalagens de plástico colocadas no mercado francês. Em seguida, vêm os produtos de entretenimento e depois os produtos de higiene, saúde e beleza, que também utilizam, em sua maioria, embalagens de plástico.

Para atender às especificações cada vez mais complexas e constantemente mais restritivas, as indústrias devem selecionar, entre os diferentes polímeros disponíveis, os que estão de acordo com a natureza do produto que desejam embalar e os requisitos de conservação e proteção. Encontramos no mercado os seguintes elementos de embalagem:

- Poliestireno (PS): potes de iogurte, etc.
- Poliestireno expandido (EPS): suportes, bandejas, caixas, etc.
- Polietileno de baixa densidade (PEBD): filmes para embalagens, sacos, etc.
- Polietileno de alta densidade (PEAD): garrafas de leite, frascos e barris para produtos de limpeza e lavanderia, frascos para produtos cosméticos, bisnagas, caixas para produtos secos, etc.
- Polipropileno (PP): sistemas de fechamento, lacres, bandejas, potes, frascos, filmes flexíveis, etc.
- Polietileno tereftalato (PET): garrafas de água, sucos e refrigerantes; além de potes, bandejas, frascos de cosméticos, produtos de limpeza, etc.
- Cloreto de polivinila (PVC): bandejas, caixas, cartelas, etc.
- Complexos ou multicamadas, que combinam vários polímeros e/ou outro material para garantir as funções de barreira e uma melhor resistência para embalagens muito finas: filmes flexíveis, lacres, bandejas, etc.

## OBSERVAÇÃO

**As diretrizes do chamado plástico de uso único (SUP) excluem da definição de "plástico" as tintas e os adesivos utilizados na fabricação, decoração e proteção de embalagens, mesmo quando há plástico em sua composição.**

## Origem e fabricação dos plásticos

Os polímeros sintéticos são atualmente produzidos, em sua maioria, a partir de petroquímicos. No entanto, os plásticos destinados a embalagens representam apenas uma pequena parte do consumo de petróleo, do qual são apenas um subproduto. Quando o petróleo bruto é refinado, ele se fraciona em cinco partes, separáveis após a destilação. Essas cinco partes são usadas principalmente para fabricar combustíveis: óleo combustível doméstico, diesel, querosene, gasolina e gás. A primeira parte, resultante da ebulição a menos de 150 °C, é composta por gás e nafta. Essa nafta é isolada e depois quebrada. Tal operação é uma nova destilação a vapor que permite obter moléculas químicas, os monômeros: etileno, propileno, etc. Cada monômero é, então, isolado. Em seguida, ele é combinado com outros monômeros da mesma natureza ou de natureza diferente por meio de uma reação química chamada reação de polimerização, que permite obter diferentes tipos de polímeros. Em seguida, são adicionados adjuvantes para aprimorar a qualidade dos materiais plásticos e a diversidade de suas propriedades.

Essa riqueza se torna, no entanto, uma verdadeira fraqueza durante a reciclagem, pois todos esses polímeros e algumas de suas versões aprimoradas não são compatíveis entre si, e, portanto, não permitem a recuperação de um material reciclado de uma maneira que ele seja utilizável.

Ao contrário de outros materiais de embalagem que beneficiam apenas um só canal de reciclagem, os plásticos devem ter um canal, ou até dois, por polímero. Desse modo, qualquer novo polímero e qualquer nova formulação ou categoria que chegue ao mercado, sejam quais forem suas características ambientais, seja qual for a origem de seus recursos, pode representar um problema de reciclagem, na medida em que pode se tornar um elemento disruptor para as cadeias existentes; enquanto ele não tiver sua própria cadeia, não será reciclável. É o caso, por exemplo, de alguns plásticos de origem vegetal, da maioria dos plásticos complexos ou multicamadas, dos compostos e dos polímeros que contêm muitos aditivos ou mesmo corantes.

Por isso, hoje, apenas 50% das embalagens plásticas colocadas no mercado francês são recicláveis nas cadeias existentes, e apenas a metade dessas embalagens é reciclada de maneira eficaz. Assim, a taxa de reciclagem de embalagens plásticas na França beira os 25%, um desempenho muito inferior aos objetivos definidos pela Comissão Europeia, que pretende atingir um percentual de 50% de reciclagem em 2025 e de 55% em 2030.

Trata-se de um percentual de reciclagem muito baixo, e a impossibilidade de reciclar todas as embalagens plásticas colocadas no mercado, associada à poluição plástica na terra e nos oceanos, torna esse tipo de embalagem um flagelo ambiental a ser erradicado aos olhos de um número cada vez maior de pessoas. Mesmo que representem apenas uma parte relativa da poluição plástica em todo o mundo, o fato é que as embalagens plásticas, que trazem em si as marcas de suas empresas, são realmente o lado visível da poluição contra o qual o cidadão comum pensa que deve e pode agir. Elas são também, sem dúvida, a razão que leva nossas instituições a entrarem em uma cruzada contra as embalagens plásticas. Vale lembrar que esse desejo de redução do plástico nas embalagens, ou mesmo de sua eliminação total, é reforçado pela iniciativa de algumas grandes marcas que assinaram compromissos voluntários de redução e pelos distribuidores que se posicionaram claramente a favor da supressão do plástico em suas lojas.

# Rumo a um plástico de circuito fechado

Pouco mais de 1 milhão de toneladas de embalagens plásticas são colocadas anualmente no mercado francês. Quase metade dessa quantidade dispõe de uma cadeia de reciclagem eficiente. São as garrafas de polietileno tereftalato (PET) e os frascos de polietileno de alta densidade (PEAD) e de polipropileno (PP). Sobra, portanto, a segunda metade dessa quantidade a ser trabalhada, da qual apenas um quarto poderia ser reciclado em nosso estágio atual de conhecimento.

Uma primeira parte, composta por potes e bandejas de polietileno tereftalato (PET), polietileno (PE) e polipropileno (PP), entrará nos setores de reciclagem existentes e se beneficiará de tratamento específico no âmbito da extensão das diretrizes de triagem. Uma segunda parte, essencialmente composta por potes de laticínios de poliestireno (PS), em breve deverá dispor de sua própria cadeia de reciclagem. No entanto, ainda podemos nos perguntar sobre a perenidade dessa cadeia, considerando-se que a Danone, uma das principais utilizadoras desse material, anunciou, em fevereiro de 2020, sua intenção de parar de utilizá-lo para produzir seus potes. Por fim, a terceira parte, constituída por filmes flexíveis complexos, orienta-se para o uso do monomaterial e da PE, que agora conta com uma cadeia de reciclagem. Para filmes flexíveis em PP, uma cadeia de reciclagem está em estudo na França.

De um modo geral, as embalagens plásticas que combinam vários polímeros tendem a ser produzidas em um monomaterial que ofereça ao conteúdo as mesmas propriedades de barreira e que seja mais facilmente reciclável.

Como a maioria dos compromissos voluntários das empresas são orientados para a meta de embalagens 100% recicláveis até 2025, podemos pensar que as embalagens não recicláveis, ou seja, que não encontrarão uma cadeia de reciclagem perene, serão fortemente penalizadas, ou mesmo proibidas, no longo prazo. O pacto nacional francês sobre embalagens plásticas, assinado por grandes marcas e distribuidores, caminha nessa direção, incentivando a eliminação das embalagens problemáticas ou desnecessárias. Tudo começa com o compromisso de parar de usar cloreto de polivinila (PVC) em embalagens domésticas, industriais e comerciais até 2022 e poliestireno expandido (EPS) em recipientes de alimentos até 2025.

Seja como for, a proibição de embalagens não recicláveis está prevista para 2030 na estratégia da Comissão Europeia para os resíduos plásticos. Ela vale para todos os materiais e deve se estender a todos os países da União Europeia.

Simultaneamente aos ambiciosos objetivos de aumentar os percentuais de reciclagem de embalagens plásticas, também foram definidas metas para a integração de material reciclado em sua composição. A diretriz europeia para embalagens plásticas descartáveis exige a integração de 25% de material reciclado em garrafas PET até 2025 e 30% para todas as garrafas plásticas de bebidas até 2030. Além disso, a lei antidesperdício para uma economia circular, publicada em fevereiro de 2020 na França, condiciona a colocação de determinadas categorias de produtos e materiais no mercado à conformidade com um percentual mínimo de material reciclado. Um futuro decreto deverá definir a lista dos produtos envolvidos.

Para atingir todos esses objetivos, foi definido um plano quinquenal de redução, reutilização e reciclagem (3Rs) para o período 2021-2025, que será revisado a cada cinco anos a fim de alcançar a erradicação de embalagens plásticas de uso único até 2040.

Além disso, vários avanços serão incluídos no princípio da responsabilidade estendida do produtor (REP) para torná-la muito mais atraente e até mesmo obrigatória:

- Fixação de objetivos nas especificações de diversas organizações ecológicas acompanhados de sanção: redução de resíduos, reutilização, integração de material reciclado, reciclabilidade, reciclagem e redução da comercialização de embalagens (principalmente plásticos descartáveis).
- Reforço das modulações ecológicas com a inclusão de diversos critérios, como o emprego de recursos renováveis geridos de forma sustentável, a possibilidade de reutilização, a reciclabilidade, etc.

Convém sublinhar, no entanto, que esses objetivos só podem ser alcançados com a condição de que o material reciclado seja tão abundante quanto seguro e de qualidade, o que constitui um verdadeiro desafio para toda a cadeia.

# Nove tendências para as embalagens plásticas

A observação da evolução dos mercados usuários de embalagens plásticas mundo afora revela nove tendências principais:

- Tendência 1: redução do plástico, sempre e cada vez mais.
- Tendência 2: monomaterial.
- Tendência 3: plástico mais fácil de reciclar.
- Tendência 4: homopolímero flexível.
- Tendência 5: incorporação de material reciclado.
- Tendência 6: aparência "100% reciclado".
- Tendência 7: plástico marinho.
- Tendência 8: plástico de base vegetal.
- Tendência 9: plástico reutilizável.

## Tendência 1

## Redução do plástico, sempre e cada vez mais

A transição da embalagem plástica rígida para a embalagem flexível é apresentada por muitas marcas como uma abordagem extraordinária para reduzir o plástico em 75% a 85%. Os refis ecológicos flexíveis têm um desempenho ainda melhor: anunciam reduções de até 97% nas embalagens.

A redução máxima da quantidade de plástico nas embalagens leva, inevitavelmente, à criação de recipientes flexíveis. No entanto, essa abordagem de redução na fonte não é isenta de consequências. As embalagens flexíveis não são suficientes, de modo que devem ser acondicionadas em embalagens secundárias e/ou papelões de agrupamento que contêm até duas vezes menos unidades do que as embalagens rígidas de mesma capacidade. Por isso, são necessários mais caminhões nas estradas para transportar a mesma quantidade de mercadorias até os pontos de venda. Em termos de utilização, as embalagens flexíveis deformam-se sob a pressão dos dedos, portanto, não oferecem facilidade para quem as segura nem uma liberação de seu conteúdo tão precisa e regular quanto a dos recipientes rígidos. Por fim, quando compostas por filmes multicamadas para garantir boas barreiras ao ar e à luz, essas embalagens não são mais recicláveis.

A redução do plástico nas embalagens é, sem dúvida, uma abordagem excelente em termos de preservação dos recursos naturais. Contudo, ela não deve ser feita em detrimento de outros benefícios ambientais. Para cada embalagem de plástico flexível que é desenvolvida massivamente e cujo plástico é reduzido um pouco a cada dia, também é fundamental resolver a questão do fim da vida útil, reciclando-a 100%, mesmo que tenha tido seu plástico reduzido ao máximo.

Marcas que usam sacos plásticos flexíveis alardeiam percentuais de redução de material plástico muito relevantes em comparação com os mesmos produtos embalados em frasco plástico rígido. No entanto, quando lemos as diretrizes de triagem desses sacos flexíveis, fica claro que eles não são recicláveis, ao passo que a embalagem plástica rígida do mesmo produto, sim.

Os refis ecológicos, por sua vez, anunciam os percentuais de redução de embalagem em relação ao acondicionamento inicial a ser recarregado. Assim, no caso de embalagens de vidro, por exemplo, chegamos a uma impressionante redução de 97%! Aqui também, quando lemos as diretrizes de triagem, esses refis ecológicos em sacos flexíveis são claramente apontados como não recicláveis, ao passo que os frascos a serem recarregados o são.

## Tendência 2

# Monomaterial

Como já mencionamos em relação aos papéis, uma regra básica do design ecológico consiste em projetar embalagens feitas a partir de um único material e o menor número possível de componentes.

Essa regra é fundamental para embalagens plásticas. Elas devem ser compostas por uma única e mesma resina em todos os seus componentes: estrutura, tampa, lacre, rótulo, etc. Ao contrário da embalagem composta por vários polímeros que são difíceis, se não impossíveis, de separar uns dos outros para reciclagem, a embalagem plástica monomaterial evita esse problema. Isso tem como consequência uma melhora considerável na eficiência e na qualidade da reciclagem.

Limitar o número de elementos que compõem a embalagem também é uma excelente abordagem. Assim, podemos observar que determinadas embalagens plásticas inicialmente compostas por vários elementos, muitas vezes em diferentes tipos de plásticos, estão caminhando para uma forma de "parcimônia". Além de serem 100% recicláveis, essas novas soluções de embalagem são muito competitivas econômica e ecologicamente.

A Leerdammer substituiu o lacre de filme flexível complexo de suas bandejas por uma tampa de polietileno tereftalato (PET). Desse modo, a embalagem se tornou 100% monomaterial. Além disso, para permitir maior eficiência de reciclagem, a tinta utilizada para imprimir a tampa é lavável.

A bandeja Kapseal® utilizada pela Tendriade é fabricada em monomaterial, polipropileno (PP) 100% reciclável, tendo recebido parecer positivo do Centro de Recursos e Competências em Reciclabilidade de Embalagens Plásticas de Limpeza (Cotrep, na sigla em francês).

A embalagem dos patês Nordsee é 100% feita de polipropileno (PP): tampa, pote e rótulos. Os rótulos são colocados diretamente no molde antes da injeção, pelo processo de rotulagem no molde (IML, do inglês *in mold labeling*); os rótulos são, portanto, termofixados no processo de injeção sem cola ou adesivo. Desse modo, rótulo, pote e tampa da embalagem são de um material único com reciclagem no fluxo do PP.

A garrafa de polietileno tereftalato reciclado (rPET) da Evian comercializada em circuitos de consumo não domiciliares, para os quais o código de barras não é necessário, não precisa de rótulo. Assim, a marca incluiu seus avisos legais em relevo no corpo da garrafa, o que a torna um recurso plástico totalmente reciclável. Dependendo dos equipamentos dos centros de triagem e das usinas de reciclagem, os rótulos das garrafas, sejam eles de plástico ou papel, não são reciclados. Não os utilizar resolve definitivamente o problema.

Já existe, há muito tempo, em países subdesenvolvidos e em desenvolvimento, soluções de embalagens plásticas com funcionalidade básica, compostas por uma única peça e um único material. Além de serem alternativas econômicas que não aumentam o preço dos produtos contidos, essas soluções são agora apresentadas como alternativas ecológicas que utilizam uma quantidade minimizada de material com a aplicação do lema dos pioneiros do design ecológico: "menos é mais".

## Tendência 3

# Plástico mais fácil de reciclar

Antes de reciclar embalagens plásticas, elas devem ser classificadas e identificadas de acordo com seu polímero para que sejam direcionadas para o fluxo adequado de reciclagem. A escolha da cor do plástico é importante, pois algumas cores não são detectáveis pelos sensores ópticos de sistemas automatizados em centros de triagem e reciclagem, ao passo que outras o são, sem qualquer problema. De um modo geral, as cores densas e escuras que contêm o preto carbono só são reconhecidas sob condições específicas. Assim, muitas embalagens plásticas coloridas passam pela malha da rede de triagem e, portanto, não são recicladas. Alguns transformadores de materiais plásticos agora oferecem soluções que atenuam esse problema. No entanto, vale lembrar que os plásticos transparentes permitem recuperar a resina reciclada mais pura e são reutilizados mais facilmente.

Escolher um plástico complexo não significa sistematicamente que a embalagem não será reciclável. Se as resinas utilizadas forem compatíveis entre si durante a reciclagem, isso não representará nenhum problema particular. Observamos ainda que as mudanças na formulação de certos filmes plásticos complexos seguem nessa direção.

Ao integrar antecipadamente todos os parâmetros para facilitar a triagem e a reciclagem das embalagens plásticas, contribuímos muito para favorecer seu tratamento e permitir que toda a cadeia atinja mais facilmente os objetivos definidos.

Por causa do preto carbono nelas contido, as bandejas de polipropileno (PP) pretas e em cores escuras não são detectáveis pelos sensores ópticos dos centros de triagem automatizados. A Kaplight® é uma revolução invisível para o consumidor, mas não para os sensores ópticos. Essa bandeja de plástico preto, sem preto carbono, é 100% detectável e 100% reciclável na cadeia existente do PP.

De modo geral, as embalagens de polietileno tereftalato (PET), polietileno (PE) e polipropileno (PP) em suas formas virgens e recicladas não são detectáveis por sistemas de triagem óptica quando elas têm cores profundas e escuras que exigem o uso de pigmentos de preto carbono. Atualmente, no caso desses três materiais, que se beneficiam de uma cadeia de reciclagem eficiente, existem tecnologias que permitem obter cores escuras sem usar o preto carbono. Dessa maneira, mesmo as embalagens de cores mais escuras são reconhecidas pelos sensores ópticos dos centros de triagem e orientadas para um fluxo adequado de reciclagem.

As mangas (sleeves) termorretráteis LDPET Around® que envolvem as garrafas Volvic e Nestlé Pure Life são produzidas em filme de polietileno tereftalato (PET) de baixa densidade que é reconhecido por sensor óptico nos centros de triagem, assim como as garrafas PET transparentes sem mangas. As mangas são, então, separadas das garrafas sem qualquer intervenção manual durante a moagem. As tintas de impressão da manga são especialmente projetadas para resistir ao tratamento de separação de materiais, sem risco de contaminação do PET da garrafa. Essa separação é realizada por decantação em água. A densidade específica da manga LDPET permite que ela flutue na superfície, enquanto o PET da garrafa se acumula no fundo da lixeira e pode ser reciclado.

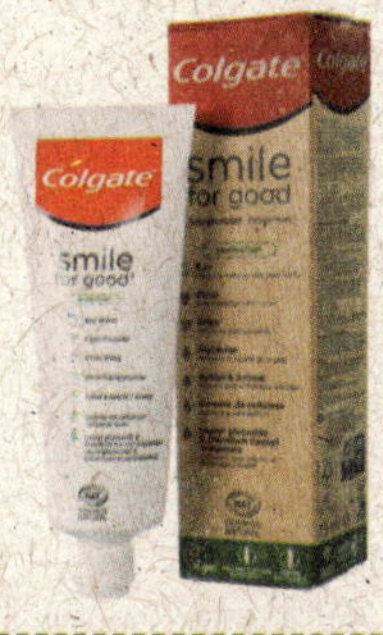


Bisnagas plásticas, especialmente aquelas usadas nas embalagens de cremes dentais, são majoritariamente compostas por um complexo que combina várias camadas coextrusadas de diferentes polímeros e uma fina camada de alumínio para garantir a barreira necessária ao conteúdo. Elas não são recicláveis porque a separação desses componentes se tornou impossível. A Colgate oferece seu creme dental Smile for Good em uma bisnaga inteiramente feita de plástico. Trata-se de um complexo composto por polietileno (PE) e copolímero de etileno-álcool vinílico (EVOH), que são compatíveis e simultaneamente recicláveis na cadeia de embalagens de polietileno de alta densidade (PEAD).

## Tendência 4

## Homopolímero flexível

As embalagens plásticas flexíveis que contêm menos matéria plástica do que seus equivalentes de volume rígido têm apresentado um forte crescimento nas décadas recentes. Sob a forma de sachês, os sacos com ou sem dispositivo de fechamento contêm uma grande variedade de produtos de uso diário. Eles representam agora 25% das embalagens plásticas utilizadas a cada ano pelos franceses, ou 280 mil toneladas.

Ao associar diversos materiais sob a forma de um filme complexo, esses plásticos podem fazer tudo: oferecem barreiras à água, ao ar e à luz; adaptam-se à forma dos produtos que contêm, garantindo a eles uma vida útil mais longa; e transportam cem vezes o seu peso. Mas essas combinações de polímeros, como já mencionamos, não são isentas de consequências na reciclagem.

Hoje, para que filmes de polietileno (PE) como os de packs de água, sacos para congelados e sacolas de compras sejam mecanicamente recicláveis nas duas usinas de reciclagem da França, as indústrias estão buscando complexos laminados 100% feitos de PE. Algumas fórmulas podem eventualmente conter uma camada de barreira que não seja um problema durante a reciclagem, como o copolímero de etileno-álcool vinílico (EVOH) em pequenas quantidades.

No caso dos filmes flexíveis de polipropileno (PP), um número cada vez maior de indústrias os apresenta como prontos para reciclagem. No entanto, até o momento, apenas 10% dos centros de triagem na Alemanha aceitam os melhores tipos de filme monomaterial para misturá-lo com embalagens rígidas de polipropileno (PP), e apenas dois recicladores os tratam como uma mistura. Eles são, portanto, muito pouco reciclados na Alemanha, mas não são reciclados de forma alguma na França, onde projetos de implementação de uma cadeia dedicada ainda estão sendo estudados.

A maioria dos sacos flexíveis é fabricada a partir de um filme laminado composto por várias camadas de diferentes polímeros, às vezes com uma camada de alumínio. São, portanto, embalagens não recicláveis e, em muitos casos, descartáveis. Antecipando a generalização das diretrizes mais amplas de triagem e a implementação de uma cadeia de reciclagem eficaz, os fabricantes já oferecem soluções de material único, 100% polietileno (PE) e 100% polipropileno (PP).

Na Turquia, a Knorr agora oferece sua mistura para preparo de sopa em sachê 100% feito de polipropileno orientado (OPP) como substituto do filme laminado multimateriais. Esse novo sachê é certificado como reciclável pelo instituto alemão Cyclos-HTP. No entanto, essa solução ainda não existe na França, devido à falta de uma cadeia dedicada.

## Tendência 5

## Incorporação de material reciclado

A reutilização de plástico reciclado na produção de embalagens é praticada há muitos anos com os principais polímeros. No entanto, essa integração precisa progredir e se consolidar tendo em vista os objetivos definidos pela União Europeia e pela França.

Hoje, a reciclagem do polietileno tereftalato (PET) transparente, plástico usado principalmente para fazer garrafas de bebidas, está muito avançada: a demanda existe, a tecnologia é eficiente. O desafio agora é coletar mais garrafas para abastecer o mercado, pois só recuperamos e reciclamos metade delas. Para outras resinas plásticas, como polipropileno (PP) e polietileno (PE), estamos em uma fase um pouco menos avançada, embora a quantidade seja considerável.

Para integrar mais material reciclado nas embalagens e nos aproximarmos de um conceito de circuito fechado, primeiro é necessário otimizar o projeto das embalagens a fim de torná-las mais facilmente recicláveis: é isso que chamo de fazer o reciclo-design. Depois, certamente será necessário estimular a demanda por materiais reciclados, controlando seu custo, ou mesmo regulamentando-o, para que não sejam menos competitivos que os materiais virgens. Enquanto o preço do petróleo se mantiver baixo, os materiais reciclados serão mais caros e as indústrias vão privilegiar o interesse econômico ao interesse ecológico. Contudo, podemos observar, desde já, que nas prateleiras das lojas, apesar do alto custo dos materiais reciclados, um número cada vez maior de marcas integra uma quantidade significativa de plástico reciclado em suas embalagens.

Filmes flexíveis retráteis de polietileno (PE) reintegram uma quantidade cada vez maior de material reciclado, de 20% a 50% dos resíduos pós-consumo da coleta seletiva, misturados com resíduos industriais e comerciais.

A Wattwiller faz seus pacotes com filme retrátil de polietileno (PE) 100% reciclado. Esse filme é feito de 50% de resíduos pós-consumo e 50% de resíduos industriais. Estes últimos constituem um recurso considerado de maior qualidade, permitindo a obtenção de um filme reciclado mais resistente.

Os frascos de polietileno de alta densidade (PEAD) seguem a mesma trajetória dos filmes flexíveis. O frasco do limpador doméstico Antikal anuncia um percentual de incorporação de material reciclado de 50%, e o do fertilizante Algoflash, de 90%. No entanto, deve-se destacar que a reincorporação de polietileno (PE) reciclado só pode ser realizada para recipientes não alimentares. Na realidade, esse material reciclado não possui certificados de adequação para contato com alimentos.

O polietileno tereftalato reciclado (rPET) é adequado para contato com alimentos. Por isso, um número cada vez maior de marcas de bebidas e produtos alimentícios o integram em até 100% na composição de suas embalagens. Há vários anos, os mercados de produtos não alimentícios, assim como o de produtos de limpeza, higiene e beleza, utilizam cada vez mais o polietileno tereftalato. Esse movimento, que gera um influxo crescente de material contendo produtos não alimentícios no fluxo do PET, poderia apresentar, em pouco tempo, um problema na continuidade da garantia de adequação do rPET ao contato com alimentos.

A Sun fabrica seu recipiente de polietileno (PE) 100% reciclado na cor cinza. Essa cor vem da mistura de cores dos materiais para reciclagem sem reprocessamento. A cor do recipiente não atrapalha a imagem da marca porque é recoberta por uma manga termorretrátil decorada. Solicita-se ao consumidor que remova a manga antes de descartar o recipiente vazio em uma lixeira de triagem seletiva, para que possa ser reciclado.

## Tendência 6

## Aparência "100% reciclado"

A embalagem ser reciclável tornou-se um verdadeiro argumento ecológico das marcas. O consumidor não espera meias medidas em relação a esse aspecto. De acordo com o estudo "Shopper" realizado pela Citeo em 2018, a menção à "embalagem 100% reciclável" aparece com 97% dos votos, ficando em primeiro lugar como sinônimo de respeito ao meio ambiente. A embalagem ser composta por material 100% reciclado também parece ser um argumento forte. Segundo o mesmo estudo, a menção "feita a partir de materiais reciclados" recebeu 91% dos votos. Já a expressão "embalagem 100% reciclada" não foi testada, mas me parece não haver dúvidas sobre o resultado dessa afirmação.

Impulsionadas por seus compromissos voluntários e pelo seu desejo de agradar cada vez mais os consumidores mais sensíveis à causa ambiental, muitas marcas têm como objetivo aumentar, tanto quanto possível, a quantidade de material reciclado em suas embalagens. O problema é que, para determinadas resinas, como polietileno (PE) e polipropileno (PP), a integração do material reciclado não é visível ao olho destreinado do consumidor, ao passo que no caso do polietileno tereftalato (PET) é o contrário, o material é imediatamente percebido, pois as embalagens 100% recicladas não são totalmente claras e transparentes como acontece com aquelas feitas de resina virgem. Portanto, é necessário que as marcas que queiram fazer do uso de material reciclado um argumento competitivo e distintivo proclamem em alto e bom som o "100%". Ele pode igualmente ser útil para justificar a diferença na aparência e na cor das embalagens recicladas.

Para tornar sua mensagem mais visível, as marcas utilizam códigos gráficos que conotam reciclagem e respeito ao meio ambiente. Papel kraft e/ou a cor verde são códigos visuais populares segundo o estudo da Citeo, considerados sinônimos de respeito ao meio ambiente.

A comunicação não é a única maneira que as marcas têm de provar a origem 100% reciclada de suas embalagens. Novos tipos de plásticos reciclados chegam ao mercado. Eles têm todas as qualidades funcionais dos plásticos virgens de que são derivados, exceto pelo brilho e pela cor, e podem apostar nisso para marcar seu diferencial. Assim, o plástico verde é diferente e assume isso: tem um look reciclado. É menos transparente, menos luminoso, pode preservar a cor do plástico original e até se tornar cinza.

As marcas de água mineral Vittel e Volvic fizeram de suas embalagens compostas por 100% de plástico reciclado seu principal eixo de comunicação. Essas marcas, cujas embalagens são feitas de polietileno tereftalato reciclado (rPET), não hesitam em apresentar os grafismos habituais de suas embalagens usando papel kraft ou reproduzindo sua aparência e escolhendo a cor verde para se expressar.

A marca de produtos de limpeza ecologicamente responsáveis Rainett também usa tons verdes e o aspecto do papel kraft para melhor comunicar seu compromisso. Além disso, deixa bem visível o fato de que sua garrafa é feita de polietileno tereftalato reciclado (rPET).

A Ecover fabrica seu recipiente de polietileno (PE) 100% reciclado de cor cinza claro. A escolha dessa tonalidade vem da mistura das cores dos materiais durante a reciclagem. Essa cor de recipiente é totalmente assumida pela marca, cujo posicionamento de compromisso com a proteção do meio ambiente existe desde 1979.

Os recipientes Kary® Fresh, Mapet® II Evolve e Apet Evolve são 100% compostas por polietileno tereftalato reciclado (rPET) proveniente da reciclagem pós-consumo de garrafas e recipientes. Elas renunciam à cor transparente e cristalina do polietileno tereftalato (PET) e brincam com ela de maneira original, mantendo as cores variadas das garrafas e recipientes reciclados dos quais derivam, pois não contêm corantes.

Os recipientes Evolve, que respeitam as regulamentações alimentares mais rigorosas, preservando os alimentos a temperaturas que variam de −40 °C a +220 °C, são feitos de 80% de polietileno tereftalato reciclado (rPET) proveniente da reciclagem pós-consumo e de material virgem. Eles também apresentam as cores variadas das garrafas e recipientes reciclados de que derivam majoritariamente.

"O cinza é o novo verde" – este é o lema publicitário utilizado para promover o polipropileno (PP) reciclado que evita a cor branca ou material virgem translúcido.

A garrafa de leite orgânico Pâturages anuncia alto e claro que sua cor cinza se dá pelo fato de ser 100% produzida de polietileno tereftalato reciclado (rPET).

## Tendência 7

## Plástico marinho

Resíduos de embalagens leves e flutuantes podem acabar acidental ou intencionalmente nos rios e depois chegar aos oceanos. Infelizmente, esse é o caso de um número excessivo de sacos, garrafas, frascos e outros recipientes plásticos.

De acordo com um relatório encomendado pelas organizações não governamentais (ONGs) Earthwatch Europe e Plastic Oceans UK, os resíduos plásticos que encontramos na maior parte das águas vivas (oceanos, mares, rios, etc.) da Europa são garrafas. Na segunda posição dessa lista, que tem como objetivo denunciar os danos causados por objetos descartáveis na biodiversidade, estão as embalagens de alimentos. Um fato curioso é que os resíduos mais coletados são os pacotes de batatas fritas e de doces. A Break Free from Plastic, uma coalizão global de ONGs composta por 1.475 organizações ambientalistas, incluindo o Greenpeace, publicou em outubro de 2019 seu relatório sobre a coleta global de resíduos que organizou nas praias de 37 países. Voluntários da coalizão retiraram quase meio milhão de resíduos plásticos no dia mundial de limpeza do nosso planeta em setembro de 2019. Resultado: 43% dos resíduos recolhidos eram sobretudo embalagens com marcas conhecidas, Coca-Cola em primeiro lugar, com 11.732 resíduos plásticos coletados. Entre os dez principais produtores de resíduos plásticos recolhidos também figuram Nestlé (4.846), Pepsico (3.362), Unilever (3.328), Procter & Gamble (1.160), Philip Morris (2.239), bem como Mars, Colgate-Palmolive, Perfetti Van Melle e Mondelēz International.

O plástico marinho é um dos flagelos do século XXI, visível mundo afora. Medidas preventivas e leis restritivas surgem em muitos países para limitar essa fonte de poluição dos oceanos, que, sem isso, em breve conterão mais plástico do que peixes. Além disso, estão sendo tomadas cada vez mais medidas para limpar a costa e os oceanos, e também para transportar e reciclar esses resíduos plásticos que representam um recurso desperdiçado.

Uma parte ínfima dos plásticos de origem marinha reciclados é integrada em novas embalagens em escala experimental e com o intuito de sensibilizar o consumidor, mas muito frequentemente a principal intenção por trás disso é fomentar uma campanha de comunicação verde. Esperemos que essas primeiras experiências adquiram rapidamente uma dimensão industrial.

A primeira garrafa incorporando polietileno reciclado (rPE) misturado a 25% do plástico coletado nas praias foi produzida em uma série limitada em 2012 nos Estados Unidos pela marca Method. Essa iniciativa pioneira de sensibilização para a importância de limpar o litoral e os oceanos foi retomada depois pelas marcas Ecover e Head & Shoulders.

No fim de 2019, a Coca-Cola produziu quinhentos exemplares de um protótipo de garrafa de polietileno tereftalato (PET) misturado a 25% de plástico marinho reciclado, adequado para uso alimentar, proveniente das praias e do mar Mediterrâneo. A marca explica em sua campanha de comunicação que é "uma gota d'água no momento, mas que a tecnologia que permitiu esse experimento permite vislumbrar avanços significativos".

A marca estadunidense de limpadores de janelas Windex agora embala seus produtos em garrafas feitas com material 100% reciclado de plásticos recuperados de praias e oceanos.

## Tendência 8

## Plástico de base vegetal

Como indiquei na introdução deste capítulo, os primeiros materiais plásticos sintéticos eram compostos de fibras vegetais e caseína, e não de moléculas do petróleo. Eles já eram, portanto, bioplásticos. Foi só na primeira metade do século XX que a petroquímica se estabeleceu na produção de plástico de origem fóssil. As embalagens de plástico fóssil que atualmente conhecemos só viram a luz do dia a partir de 1930 e desde então não pararam de se desenvolver.

Nos últimos anos, as indústrias parecem ter redescoberto que é possível dispensar o petróleo para fazer embalagens plásticas. Por isso, vemos garrafas, frascos, bisnagas e outros recipientes de plástico surgindo em diferentes mercados alegando ter origem "em biorrecursos", "renovável" ou "vegetal".

O termo "biorrecurso" qualifica a origem de um produto feito de material biológico, como recursos vegetais ou animais, resíduos orgânicos, biomassa, etc.; é um produto que está em oposição àqueles de origem fóssil, como petróleo, gás, carvão, etc. No entanto, como vários estudos apontam, esse termo, quando aplicado a embalagens plásticas, não é bem compreendido pelos consumidores. Alguns o compreendem como sinônimo de origem biológica ou vegetal; outros, como material reciclado; e a maioria dos consumidores o associa à biodegradabilidade da embalagem, o que é incorreto. Esses mal-entendidos e o risco de ver embalagens percebidas como biodegradáveis descartadas na natureza são, sem dúvida, as razões pelas quais, desde 1º de janeiro de 2022, é proibido incluir a palavra "biodegradável" em um produto ou embalagem. Convém sublinhar que o termo "renovável", associado a embalagens, significa que a matéria-prima se renova naturalmente em ciclos naturais, e não é de todo compreendido pelos consumidores; um estudo realizado em 2018 pela associação Alliance Carton Nature (ACN) demonstra isso claramente. Um terço dos entrevistados o associam a embalagens recicláveis; outro terço, a embalagens de materiais reciclados; e o último terço, a embalagens de materiais de origem vegetal. Em uma nota de posicionamento datada de janeiro de 2019, o Conselho de Embalagens Nacionais (CNE) da França preconiza que, quando se deseja informar a natureza do recurso usado em uma embalagem plástica, deve-se citar sua origem exata, especificando sua porcentagem na formulação do material plástico.

Além disso, o interesse pela compostagem de embalagens é um assunto que divide e sempre causa debate. Dado que não existe uma cadeia perene de compostagem de resíduos orgânicos na França, parece que ainda é difícil de receber e tratar embalagens em um sistema tão subdesenvolvido. Apenas 5% dos resíduos são destinados à compostagem no país.

A PlantBottle™ da Smartwater, uma marca do grupo Coca-Cola European Partner, é uma garrafa de polietileno tereftalato (PET) que contém até 30% de um polímero de origem vegetal, a cana-de-açúcar. É 100% reciclável na cadeia existente.

Nota: para obter a certificação de que um produto provém de biorrecursos, não é obrigatório ter um produto inteiramente proveniente de recursos renováveis, mas é necessário que uma determinada percentagem das matérias-primas tenha tal origem. Essa regra é definida pelas normas ISO 16620 e CEN/TS 16640, que escalam esse percentual mínimo para 30% a partir de 1º de janeiro de 2017, 40% a partir de 1º de janeiro de 2018, 50% a partir de 1º de janeiro de 2020 e 60% a partir de 1º de janeiro de 2025. O restante pode consistir em compostos provenientes de produtos petroquímicos que utilizam recursos fósseis. A PlantBottle™, lançada em 2011 pela Coca-Cola, era composta por 22,5% de matérias-primas vegetais renováveis. Atualmente, esse percentual é de 30%. Assim, não pode mais ser considerada uma embalagem proveniente de biorrecursos, porque está muito abaixo do percentual mínimo de 50% estabelecido pela norma.

O grupo Léa Nature embala parte de seus produtos em frascos e bisnagas de polietileno (PE) de origem 100% vegetal, feito a partir da cana-de-açúcar. Essa embalagem é 100% reciclável na cadeia existente.

Néops é um poliestireno expandido (EPS) de origem 100% vegetal, obtido da biomassa de resíduos verdes. Esse novo material, composto por 20% de material e 98% de ar, permite produzir caixas isotérmicas recicláveis na cadeia de reciclagem do EPS.

O filme UPM Raflatac Forest Film™ permite a produção de rótulos de polietileno (PE) e de polipropileno (PP) a partir de resíduos da produção da pasta de papel transformada em nafta de celulose: o UPM BioVerno. Esse hidrocarboneto puro de origem vegetal possui propriedades físicas e químicas que correspondem ao combustível fóssil diesel. Rótulos produzidos a partir dessa tecnologia são recicláveis junto com polímeros de origem fóssil.

A Tetra Pak oferece caixas cartonadas para alimentos fabricadas principalmente com base em recursos vegetais: o papelão, é claro, provém de florestas geridas de forma sustentável (com certificação FSC®), mas a tampa e as camadas plásticas internas também são feitas a partir de recursos vegetais.

Na Itália, a Bonduelle embala sua gama de legumes congelados em sacos plásticos compostos por 54% de recursos vegetais. As embalagens são 100% recicláveis no sistema italiano.

A Louis & P'tit Jules embala seus produtos em sacos do tipo doypack feitos de filme multicamadas de origem vegetal. O exterior, aproximadamente 70% da embalagem, é produzido a partir de celulose transparente de fibras de madeira; o interior, os restantes 30%, são provenientes da cana-de-açúcar. A cola e a tinta são de origem vegetal. Esse filme é certificado como adequado para compostagem industrial.

A marca Les 2 Vaches agora acondiciona seus iogurtes em potes de ácido polilático (PLA) feito a partir do bagaço. Esses potes não são recicláveis. No entanto, são compostáveis de acordo com a norma NFU 44-051. Sua biodegradação ocorre em três meses sob condições de compostagem industrial a uma temperatura de 55 °C a 60 °C.

A Yumi embala seus sucos de frutas em garrafas de ácido polilático (PLA) transparente, material plástico de origem vegetal obtido do bagaço, um resíduo da cana-de-açúcar. Essas garrafas transparentes não são recicláveis na cadeia do polietileno tereftalato (PET); elas são até consideradas problemáticas na triagem. Embora os testes ainda estejam em andamento, elas seriam compostáveis em ambiente industrial de acordo com a norma NFU 44-051. É, no entanto, surpreendente notar que a marca informa que sua garrafa compostável contém zero plástico, o que é totalmente falso, pois é 100% constituída por plástico vegetal.

A marca italiana de papel higiênico e lenços de papel descartáveis Grazie embala seus produtos em um filme de origem vegetal feito em Mater-Bi. Esse material de embalagem é obtido a partir de amido, principalmente de milho, combinado com óleos vegetais. Esse filme de embalagem plástica é compostável, de acordo com a norma europeia NF EN 13432.

A salada da marca italiana Dimmidisi também é acondicionada em sacos de origem vegetal feitos em Mater-Bi compostável de acordo com a norma europeia NF EN 13432.

## Tendência 9

# Plástico reutilizável

A reutilização de embalagens nunca foi tão relevante. Algumas empresas de comércio a granel fazem da proposta "embalagem zero" um argumento importante do seu conceito. Elas oferecem aos clientes a oportunidade de usar suas próprias embalagens e colocam algumas à venda para quem não as possui. Nesse caso, falamos em embalagens reutilizáveis porque o recipiente é gerido de forma autônoma pelo consumidor e pode ter sido desviada de sua aplicação inicial para receber outro produto.

A indústria de embalagens plásticas lançou-se de cabeça no mercado de uso único, do descartável e do nem sempre reciclável, já que a qualidade da sua produção permite múltiplos usos. Afinal, o Tupperware tem essa função desde 1946. Os que utilizei na infância continuam na ativa na casa da minha mãe.

A primeira embalagem pensada para ser reutilizada pelos consumidores chega às prateleiras. É o início de uma tendência que vai ao encontro do desejo de uma clientela que não aguenta mais encher suas lixeiras com embalagens vazias, mesmo que sejam 100% recicláveis.

A linha Kary® Cristal foi projetada para ser reutilizável. Foi certificada pelo laboratório SGS, durante três testes consecutivos, para suportar vinte lavagens na lava-louça e para permanecer em contato com alimentos.

Para seus grandes fãs, a Planta Fin oferece embalagens que contêm 1 kg de margarina e que, uma vez esvaziada, é reutilizável para muitos propósitos domésticos.

O desodorante em barra da start-up nova-iorquina Myro vem em uma embalagem plástica grande que permite recarga. Seu corpo de design muito bonito e seu mecanismo inferior são compostos por 57 g de plástico. Essa peça foi projetada para ser usada indefinidamente, pois é muito sólida e lavável. A recarga em si consiste em um pequeno recipiente côncavo e em uma cobertura de polietileno de alta densidade (PEAD). Essa solução de embalagem recarregável permite economizar mais de 50% de plástico em comparação a uma embalagem descartável em bastão, mas também permite, ao final do uso do refil, descartar um resíduo reciclável pequeno.

A marca de produtos de limpeza doméstica Cif oferece uma garrafa de plástico reutilizável com borrifador spray na compra das duas primeiras recargas ecológicas. Essa abordagem, apresentada como educativa, também tem a vantagem de reduzir o carrinho de compras, evitando que o consumidor tenha que transportar água nas embalagens grandes.

Squiz é um conceito de sacos plásticos flexíveis recarregáveis em casa. Ele permite embalar suas preparações caseiras ou adquirir produtos como compotas, purês e *smoothies* em acondicionamentos grandes para fazer suas próprias doses individuais, todos os dias. O saco é dotado de um fechamento diferente da selagem habitual. Trata-se de um fecho duplo tipo zip patenteado, capaz de resistir a uma pressão de 50 kg. Assim, o saco flexível se torna uma embalagem reutilizável, resistente ao uso diário e a manipulações repetidas.

# Perspectivas para os plásticos

## Reduzir mais, reutilizar, reciclar, reintegrar e desenvolver a reutilização

Como acabamos de ver, as embalagens plásticas estão em plena revolução. As indústrias as fazem evoluir para que utilizem menos matérias-primas e para que sejam mais facilmente recicláveis. Essa revolução deve ser feita em alta velocidade para respeitar os ambiciosos objetivos estabelecidos por lei. Desse modo, os eixos prioritários a serem desenvolvidos são os seguintes:

- Aumentar os percentuais de reciclagem e reincorporação de material reciclado em embalagens plásticas, seja qual for a sua origem: fóssil ou vegetal.
- Desenvolver novas tecnologias de reciclagem eficientes para aumentar a quantidade e a qualidade, em particular a adequação ao contato com alimentos, de todos os polímeros utilizados na fabricação de embalagens.
- Entrar na era da reutilização com embalagens plásticas práticas, seguras e saudáveis.

## Reciclar 100% e reintegrar mais matéria reciclada

Atualmente, como já mencionamos, as embalagens plásticas são triadas e recicladas por meio de um processo mecânico que não modifica a estrutura do polímero. Essa tecnologia funciona bem, porém tem seus limites. A reciclagem mecânica não permite a obtenção de um material de qualidade tão boa quanto o material inicial ao longo de vários ciclos. De qualquer forma, esse processo, por si só, certamente não nos permitirá atingir os objetivos regulatórios. Por fim, nunca funcionará para tratar todos os tipos de plásticos.

Assim, o objetivo francês de reciclar 100% dos plásticos em 2025 com uma reintegração simultânea de 30% de material reciclado em garrafas de bebidas passa não apenas pela revolução das embalagens plásticas, mas também pela revolução das tecnologias de reciclagem. Reintegrar mais pressupõe ter quantidade suficiente de material reciclado de alta qualidade, em especial para os setores de alimentos e de cosméticos. Para conseguir isso, será necessário, primeiro, colocar no mercado embalagens fáceis de reciclar. As indústrias devem, portanto, ampliar as abordagens de design ecológico para a reciclagem de suas embalagens. Ao mesmo tempo, a indústria da reciclagem terá de melhorar, ou mesmo modificar, suas tecnologias para reciclar mais e com melhor qualidade.

A reciclagem química ou enzimática suscita muita esperança porque essas tecnologias permitem retornar às resinas puras. No entanto, ainda estamos em fase de projetos, testes e ensaios, longe da industrialização sustentável e rentável. A revolução, contudo, também está em curso nessa área.

## Reciclagem química

A reciclagem química é um dos principais desafios enfrentados pela cadeia de embalagens plásticas e deve ser abordada com urgência, para reciclar mais e melhorar a qualidade do material reciclado.

As tecnologias não são novas; elas datam da década de 1990. Todas estão mais ou menos no mesmo nível em seu desenvolvimento, ou seja, em fase-piloto. Seus principais obstáculos são a viabilidade da transição industrial e a viabilidade econômica. Mas a indústria de embalagens plásticas não tem verdadeiramente essa escolha.

Entre dezenas de tecnologias emergentes no mundo, o projeto ChemCycling® parece bem avançado. As embalagens que incorporam uma parte de material reciclado obtido a partir dessa nova tecnologia estão surgindo em diferentes mercados.

Na Alemanha, a Perwoll desenvolveu um primeiro frasco de polietileno (PE) que contém uma parte de plástico quimicamente reciclado de acordo com o procedimento ChemCycling®. A proporção de material reciclado que entra no processo de produção é atribuída ao produto usando o método de balanço de massa (*mass balance*).

A marca alemã de charcutaria Gutfried agora embala seus produtos em bandejas flexíveis feitas de plástico reciclado, dois terços dos quais são poliamida (PA) e polietileno (PE) provenientes da reciclagem química com a tecnologia ChemCycling®.

## Abordagem de balanço de massa

O princípio de balanço de massa (*mass balance*) é comparável ao da eletricidade verde.

A ideia básica é usar recursos reciclados quimicamente ou renováveis, além dos recursos fósseis, dependendo das demandas dos clientes e das possibilidades tecnológicas. A parte reciclada quimicamente ou de origem em biorrecursos é, então, atribuída aritmeticamente a certos produtos usando um método certificado pela organização TÜV SÜD e pode variar de 25% a 100%. As características desse material reciclado são idênticas aos de seu equivalente fóssil. Não há, portanto, nenhuma diferença de qualidade ou propriedade. Os componentes químicos derivados de recursos recicláveis, renováveis e fósseis são indistinguíveis.

No entanto, para que essa abordagem seja capaz de mensurar a contribuição de material reciclado de maneira correta, incontestável e rastreável, ela deve ser rapidamente enquadrada por um padrão, para que regras sejam estabelecidas e compartilhadas por todos.

## Reciclagem enzimática

Se existe uma tecnologia revolucionária para a reciclagem de plásticos, em total ruptura com os processos mecânicos e químicos, é sem dúvida o processo de biorreciclagem desenvolvida pela empresa francesa Carbios. Esse novo método de reciclagem baseia-se na utilização de catalisadores biológicos, enzimas que são capazes de lidar com a estrutura dos resíduos de embalagens compostas por polietileno tereftalato (PET) para despolimerizá-la. Assim, ao final de um processo de cerca de dez horas, 90% dos polímeros que constituem a embalagem voltam ao estado de monômero. Esse bioprocesso permite, então, reutilizar o monômero para produzir um material plástico reciclado que oferece todo o desempenho do material virgem inicial.

Esse método de reciclagem enzimática sugere a possibilidade de reciclar quase ao infinito os resíduos de embalagens plásticas, especialmente recipientes feitos de polietileno tereftalato (PET) e ácido polilático (PLA). Esses polímeros são caracterizados pelo encadeamento de monômeros facilmente identificáveis pela enzima e, portanto, são mais favoráveis à despolimerização.

Essa tecnologia poderia absorver muitas embalagens produzidas com combinações de plástico, alimentares e não alimentares, rígidas e flexíveis, sem a necessidade de recorrer a uma triagem sofisticada.

Essa revolucionária tecnologia de reciclagem, cujo desempenho permite vislumbrar um futuro promissor, deve agora passar para a fase de industrialização. O projeto está em estudo; a Carbios anuncia que uma primeira fábrica de porte industrial poderia começar a tratar resíduos plásticos em grande quantidade a partir de 2025.

## Reutilização para avistar além da lata de lixo

Segundo a definição encontrada no artigo L541-1-1 do Código Ambiental francês, as embalagens reutilizáveis são aquelas que podem ser utilizadas mais de uma vez para a mesma aplicação para que foram concebidas. É o caso de uma garrafa que é lavada para ser recarregada com o produto que anteriormente continha. Além disso, para ser reutilizável, a embalagem deve ser rastreável e precisa passar por um sistema de lavagem industrial.

Para implementar a reutilização, é necessário disponibilizar embalagens reutilizáveis e dispositivos de coleta e lavagem a fim de reabastecê-las. Isso já existe para embalagens de vidro. Por que não seria possível com embalagens plásticas? Para abandonar a embalagem plástica descartável, devemos, sem dúvida, proibi-la, mas também podemos inventar embalagens plásticas para uso contínuo.

Esse é o momento para que a indústria de embalagens plásticas comece a fazer isso. A lei antidesperdício para uma economia circular, publicada em fevereiro de 2020, na França, pede às organizações ecológicas que definam até 1º de janeiro de 2022 os padrões de embalagens reutilizáveis para restaurantes, produtos frescos e bebidas. Além disso, essa lei já estabelece objetivos para o aumento da participação das embalagens reutilizadas: 5% em 2023 e 10% em 2027.

Diante desse novo contexto, o plástico parece ter um futuro brilhante pela frente.

# A revolução dos plásticos está apenas começando!

Capítulo 3

# NOVAS ALTERNATIVAS

As embalagens são produzidas essencialmente a partir de quatro famílias principais de materiais: papelão, plástico, vidro e metais. Os três últimos são provenientes de recursos fósseis e minerais não renováveis. Apesar de todos os nossos esforços para reduzir o consumo de matérias-primas para embalagens, de reciclá-las ao final de sua vida útil e de reintegrar o material reciclado na produção de novas embalagens, a quantidade de recursos naturais necessários para sua fabricação está se esgotando inexoravelmente. Diante desta situação irreversível, novas alternativas estão surgindo para que as embalagens consumam menos materiais em risco de extinção.

## Um pouco de futurologia

**As matérias-primas minerais e os combustíveis fósseis, que vêm de depósitos formados ao longo da história geológica da Terra, são um estoque, por sua própria essência, esgotável.**

**De acordo com as previsões de muitos especialistas, no ritmo de consumo atual e considerando-se o crescimento demográfico, os principais depósitos de recursos atualmente identificados acabarão antes do fim do século XXI.**

**Além disso, a cada ano, o dia da sobrecarga mundial chega cada vez mais cedo. Essa data é calculada pela comparação entre o percentual de consumo anual de recursos ecológicos (pegada ecológica) pela humanidade e a capacidade de regeneração da Terra (biocapacidade). Em 1970, essa data fatídica foi 29 de dezembro; em 2019, foi 29 de julho. Se nada mudar, em 2050 ela será em abril. No entanto, a pandemia de covid-19 acabou por nos mostrar que o dia da sobrecarga não é irreversível. Em 2020, ele foi alcançado em 22 de agosto, ou seja, três semanas depois de 2019; esse atraso se deve às medidas de confinamento e à desaceleração de diversos setores, incluindo o de transportes.**

**Certamente, não podemos contar com a repetição desse tipo de evento excepcional e sem precedentes para retornar a um consumo razoável dos nossos recursos. No entanto, podemos sonhar com uma inversão duradoura dessa tendência graças ao uso de materiais alternativos que não são extraídos das reservas não renováveis do nosso planeta.**

Trata-se de um fato conhecido e incontestável: os recursos de nosso planeta não são inesgotáveis. O esgotamento dos recursos naturais é uma das questões cruciais para a humanidade nos próximos anos. É impossível não nos preocuparmos mais com isso porque podemos prever para a partir de 2050 e antes do final do século XXI o fim do petróleo, além dos minérios de ferro e da sílica, materiais amplamente utilizados na fabricação de embalagens. Por isso, mais e mais pessoas, independentemente de seu nível de compromisso ecológico, desejam que as embalagens sejam feitas com materiais alternativos renováveis, ao ritmo daquilo que o planeta é capaz de nos oferecer.

Em um contexto de forte questionamento sobre o plástico de origem fóssil e nesse início de revolução, os recursos de origem vegetal não utilizados para nutrição humana e animal e que são, por essência, renováveis, como determinados resíduos e coprodutos da agricultura, bem como outros tipos de resíduos orgânicos ou minerais, surgem como alternativas promissoras para produzir materiais de embalagem.

Anteriormente classificados como subprodutos, ou mesmo resíduos, os coprodutos agrícolas têm sido vistos, há muito tempo, como detrito de pouco valor. No entanto, técnicas de processamento inovadoras poderiam muito bem encorajar as empresas a repensar seu valor econômico.

Segundo a definição da Agência Francesa de Transição Ecológica (Ademe, na sigla em francês), um coproduto é um material criado, intencionalmente ou não, durante o processo de fabricação de um produto. O coproduto destina-se a um uso particular, diferente daquele do produto de que resulta. Situado entre o produto nobre e o resíduo, o coproduto não é novo. O melaço, por exemplo, e outros derivados alcoólicos da indústria açucareira são tipicamente coprodutos utilizados há muito tempo para fazer bioplásticos.

Hoje, muitas plantas e alguns minerais são utilizados, tanto em nível industrial como experimental, para produzir novos tipos de plásticos. Estes são compostos principalmente, em proporções variadas, por resíduos ou coprodutos agrícolas, ligados a um bioplástico, como polietileno (PE), polipropileno (PP) e polietileno tereftalato (PET), ou a materiais plásticos biodegradáveis, como ácido polilático (PLA) e poli-hidroxialcanoato (PHA). De modo geral, esses materiais alternativos permitem minimizar de maneira considerável ou mesmo completamente os recursos petrolíferos para produzir embalagens plásticas.

Uma grande variedade de vegetais, de resíduos vegetais e de coprodutos agrícolas ou de outra natureza podem ser utilizados parcial ou totalmente para produzir novos materiais de embalagem:

- Amidos e açúcares (milho, batata, cana-de-açúcar, arroz, ervilha, etc.).
- Proteínas e lipídios (leite, soja, trigo, etc.).
- Óleos vegetais (colza, girassol, cardo, linho, etc.).
- Fibras naturais (cânhamo, algodão, etc.).
- Algas ou celulose.
- Minerais.

Esses novos materiais alternativos, por mais verdes que sejam, apresentam, no entanto, uma desvantagem: nem todos são recicláveis. Hoje, apenas certas embalagens frequentemente utilizadas feitas de polietileno tereftalato (PET), polietileno (PE) e polipropileno (PP) dispõem de uma cadeia de reciclagem e são consideradas recicláveis. Esse já não é o caso de certos plásticos de origem vegetal. A não reciclabilidade desses novos materiais, pelo fato de não possuírem uma cadeia de reciclagem, pode constituir um verdadeiro obstáculo ao seu desenvolvimento, ou mesmo impossibilitar sua utilização em determinados mercados. Em qualquer caso, assim que aparecem, são imediatamente sancionados com penalidades financeiras significativas.

Por isso, a maioria das embalagens feitas de materiais alternativos que não possuem cadeias de reciclagem não têm outra escolha senão apresentar-se como compostáveis, em usinas ou em casa, de acordo com padrões e certificações rigorosos. Reconhecemos o fato de que eles são compostáveis graças aos pictogramas "OK compost" e/ou à referência à norma em vigor, que são claramente inscritos na embalagem.

## Embalagem compostável ou biodegradável?

Dependendo de sua composição, uma embalagem só pode ser compostável se estiver de acordo com as normas internacionais de compostabilidade, incluindo a ISO 18606, a ISO 14021, a EN 13432, a ASTM D6400 e a AS 4736. Nesse caso, ela se degrada sob certas condições de temperatura, oxigênio e umidade, sob a ação de microrganismos em equipamentos adaptados:

- Em casa, com restos de cozinha e resíduos vegetais, em uma compostagem instalada no jardim ou na varanda.
- Em uma usina de compostagem industrial, após coleta seletiva, de acordo com um processo natural em condições de umidade e temperatura controladas.

Nos dois casos, os resíduos tratados são transformados em composto, um fertilizante natural.

Como acabamos de ver, uma embalagem compostável é biodegradável apenas de acordo com um processo supervisionado e controlado, mas o oposto nem sempre é verdadeiro. A definição de o que é uma embalagem biodegradável é muito mais ampla porque ela também pode se degradar no ambiente natural: solo, rios, mares e oceanos. Assim, enquanto espera a deterioração, período muitas vezes mais longo do que o dos processos de compostagem doméstica ou industrial, a embalagem biodegradável terá um impacto negativo no meio ambiente e na biodiversidade.

Esse é o motivo pelo qual a lei antidesperdício para uma economia circular, publicada em fevereiro de 2020 na França, proíbe, a contar de 1º de janeiro de 2022, que haja a inscrição "biodegradável" em um produto ou embalagem. Isso poderia levar o consumidor a pensar que pode descartar a embalagem na natureza sem que ela cause nenhuma consequência nefasta.

Uma embalagem compostável ou biodegradável deve, como todas as outras, ser sempre descartada em latas de lixo ou de triagem! A natureza nunca será uma usina de compostagem de embalagens; ela já tem muito a fazer com o que ela mesma produz, ano após ano.

Os materiais alternativos parecem delinear um futuro sustentável para as embalagens porque são produzidos principalmente a partir de recursos renováveis. Eles substituem os recursos fósseis e, assim, permitem preservá-los; depois, pouco a pouco, poderiam substituí-los permanentemente antes que se esgotem. Conforme explicado em minha publicação técnica *L'emballage à l'aube de sa révolution* [*A embalagem no princípio de sua revolução*], há uma forte expectativa entre os consumidores europeus que desejam que os recursos fósseis, principalmente o petróleo, deixem de ser utilizados na produção de embalagens e que os recursos de origem vegetal sejam priorizados.

Contudo, não podemos considerar que todos os recursos vegetais usados para produzir materiais de embalagem sejam renováveis. Na realidade, se o recurso natural utilizado for explorado excessivamente, longe do local de produção da matéria-prima, ou se sua produção competir com a de alimentação humana, sua utilização é questionável. Cabe, portanto, àqueles que escolhem favorecer esses materiais alternativos verificar esse ponto com cuidado. A utilização de resíduos ou coprodutos evidentemente invalida essa preocupação.

Por fim, permanece a questão do fim da vida útil desses novos materiais para embalagem. Promotores e defensores dessas novas soluções reivindicam a criação de cadeias experimentais de compostagem e/ou reciclagem, para as quais não seja exigida uma rentabilidade econômica imediata, a fim de dar uma oportunidade à mudança e à transição. Os dispositivos criados para subsidiar projetos de energia verde poderiam, sem dúvida, ser transpostos para o financiamento de projetos de embalagens verdes.

# Uma espécie de retorno às origens

Desde a Pré-História, o ser humano, nômade ou sedentário, sempre procurou conservar os alimentos e a água em recipientes feitos com recursos que estavam ao alcance de suas mãos: vegetais, madeira, terra, pedra, conchas, peles e ossos de animais, etc. Os primeiros recipientes feitos de metal surgiram na Idade do Bronze, ou seja, a partir de 3000 a.C.; o vidro, aproximadamente em 1500 a.C. Mas a embalagem propriamente dita surgiu com o desenvolvimento do comércio e do transporte de mercadorias, especialmente por via marítima. Foi assim que, por volta do ano 1000 a.C. surgiu o barril, uma embalagem de madeira que permite conservar, armazenar e trocar todos os tipos de itens alimentares e não alimentares.

Durante milênios, a mineração permaneceu muito marginal em relação ao uso de recursos naturais renováveis de origem vegetal e animal na confecção de recipientes e embalagens. Mas, desde a Revolução Industrial do século XIX, com o extraordinário crescimento industrial das chamadas nações modernas ou desenvolvidas, pequenas embalagens de vidro, aço e papelão desenvolveram-se exponencialmente. A madeira bruta continuou a ser amplamente utilizada para produzir grandes embalagens de transporte e caixas. No entanto, sua utilização não teve o mesmo crescimento no setor de pequenas embalagens, em que ficou limitada a produtos específicos, como certos queijos, incluindo o sacrossanto camembert, e algumas bandejas de frutas e legumes.

Por fim, como já discutimos amplamente, o plástico chegou ao setor das embalagens na primeira parte do século XX. A princípio obtido de um recurso vegetal, principalmente a celulose de madeira, e depois, do petróleo, o plástico se estabeleceu como o material de embalagem mais utilizado em todo o mundo.

Fazer a revolução é mudar o modelo. Mas é também, às vezes, voltar ao ponto de partida para sair novamente, melhor. A impressão causada por algumas das novas alternativas que surgem nos dias de hoje é a de um retorno às origens. Não importa se vêm de laboratórios de pesquisa de grandes empresas, de start-ups que arrecadam fundos para se desenvolverem mais depressa, ou da genialidade de inventores individuais, todas essas novas alternativas têm um ponto comum: assim como na Pré-História, elas utilizam principalmente recursos renováveis que estão ao nosso alcance.

## Sete tendências para as novas alternativas

Para novas alternativas, é oportuno falar em observação tecnológica, porque muitas das soluções ainda estão em fase de protótipo ou no início da industrialização. Podemos, no entanto, distinguir sete tendências principais:

- Tendência 1: emancipação da madeira.
- Tendência 2: outros vegetais.
- Tendência 3: algas e conchas.
- Tendência 4: minerais.
- Tendência 5: substituto do PET.
- Tendência 6: propriedades do plástico sem plástico.
- Tendência 7: embalagens cultivadas.

## Tendência 1

## Emancipação da madeira

Transformada pelos fabricantes de papel principalmente em papelão para o uso na indústria de embalagens, a madeira proveniente de florestas manejadas de maneira responsável encontra novas aplicações.

Formatadas, moldadas, dobradas e coladas, as embalagens de madeira leve oferecem um novo frescor. Elas são cada vez mais usadas para fazer bandejas de comida nos setores de queijo e de frutas e legumes, em que já estavam bem estabelecidas, e em novos setores, como o de pratos prontos. Dessa forma, a bandeja de madeira também substitui o plástico.

Como já mencionamos, a celulose da madeira retorna na composição de certos plásticos vegetais. As novas formulações de bioplásticos incorporam fibras virgens e resíduos de madeira misturados a uma menor quantidade de plástico de origem vegetal, que serve como aglutinante. Esses materiais de embalagem certamente não são recicláveis, mas dependendo da natureza da sua parte plástica, podem ser degradados em centros de compostagem industrial.

Como parte de sua política de eliminação máxima dos materiais plásticos, a Fleury Michon passa a usar a bandeja de madeira para embalar refeições prontas. Essa nova embalagem é feita de choupo descascado, com certificado da origem francesa e do Programa para o Reconhecimento da Certificação Florestal (PEFC®, na sigla em inglês), moldada e colada. A superfície interna é revestida com polietileno tereftalato cristal (CPET), que representa 30% da composição da bandeja. O conjunto está contido em um saco plástico flowpack, essencial para embalagens sob atmosfera modificada. Essa solução permite que a Fleury Michon reduza em 80% a quantidade de plástico utilizado em comparação com suas bandejas plásticas lacradas. No entanto, essa escolha tem preço: essa bandeja custa cinco vezes mais do que seu equivalente de plástico. Ainda assim, apesar de embalagens de madeira não possuírem uma cadeia de reciclagem, a contribuição ecológica dessa bandeja representa um salto de quase 45%.

A BBC Pack® também é uma bandeja de choupo com certificação PEFC®. A madeira é dobrada e depois mantida em seu novo formato sem grampos, graças à laminação de uma película interior que garante impermeabilização e barreira ao oxigênio. Este filme, que representa 5% do produto, é separável após o uso.

O Sulapac® é um material composto de resíduos de lascas de madeira provenientes de florestas e aglomerantes à base de plantas. Esse material tem muitas das vantagens do plástico e deteriora-se completamente na compostagem industrial de acordo com a norma EN 13432, sem deixar nenhum resíduo microplástico permanente.

Cortiça Madeira

Existem agora rótulos feitos de uma fina folha de madeira ou cortiça que representa 75% da composição do suporte. O conjunto é biodegradável.

A Valio oferece em seus potes de *crème fraîche* uma tampa reutilizável feita de biocompósito plástico: o DuraSense™ da Stora Enso. Trata-se de uma mistura de polímero à base de polipropileno (PP) e resíduos de fibra de madeira da indústria de papel. Esse projeto-piloto produziu 100 mil unidades para sensibilizar os consumidores da marca em relação à reutilização.

## Tendência 2

## Outros vegetais

A lista de resíduos e coprodutos agrícolas utilizados na fabricação de plásticos com origem em biorrecursos é longa. Podemos citar como exemplo: os restos da triagem de trigo, cevada, lavanda, rosas, cascas de sementes de girassol, arroz, amêndoas de cacau, caroços de azeitona, sementes de uva e borra de café.

A composição desses bioplásticos varia muito dependendo das necessidades e da disponibilidade de recursos. Ela é constituída por uma base de plástico de origem vegetal, polietileno (PE), polipropileno (PP), polietileno tereftalato (PET) ou plásticos biodegradáveis, ácido polilático (PLA) e poli-hidroxialcanoato (PHA) misturados em proporções variáveis às fibras vegetais dos coprodutos. Para todas essas novas soluções, o contato com alimentos é uma grande preocupação.

Além disso, tal como acontece com os plásticos, além da madeira, material tradicional para fazer pasta de papel, agora também são usados outros recursos, por exemplo, o capim.

O Vegemat® é um termoplástico 100% originário de biorrecursos que permite produzir embalagens por injeção. Ele é obtido graças à transformação de cereais como trigo, amido de milho e outros ingredientes vegetais. É 100% biodegradável em centro de compostagem industrial, certificado pela norma EN 13432 de compostabilidade.

Trigo

Uva

Oliva

Cortiça

Café

Existem atualmente muitos plásticos compostos a partir de coprodutos vegetais. Tais coprodutos vêm de resíduos de triagem de sementes e da produção de cereais e flores; de resíduos da produção de viticultura, de olivicultura, das fábricas de chocolate e das atividades de cafés, hotéis e restaurantes (CHR); da cultura do linho, do miscanto e do bambu. Todos esses coprodutos são misturados com 20% a 30% de polímeros de origem biológica, biodegradáveis ou não.

A Green Gen Bottle® é uma garrafa que combina 30% de resina originária de biorrecursos, polipropileno (PP) ou ácido polilático (PLA) para garantir as propriedades de barreira e uma trama de fibras de linho, cânhamo ou mesmo bambu, para resistência mecânica. Dependendo do material plástico utilizado, a garrafa é apresentada como reutilizável ou compostável.

Capim | Capim | Uva | Oliva | Cana-de--açúcar

Assim como mais e mais plantas são utilizadas na indústria de plástico, os fabricantes de papel têm começado a usar outros recursos além da madeira. Desse modo, rótulos e bandejas de papel contêm até 50% de capim. Coprodutos, resíduos de produção da viticultura, da olivicultura e da indústria açucareira também são utilizados em proporções de 50% a 75% para a produção de rótulos. A maioria desses materiais é reciclável na cadeia do papel e/ou biodegradável.

PaperFoam® é um novo material composto por fécula de batata proveniente de resíduos industriais, fibras e água, possibilitando a produção de embalagens moldadas bem trabalhadas. Esse material é certificado como composto doméstico e indicado para compostagem industrial. Também é reciclável na cadeia do papel.

## Tendência 3

## Algas e conchas

Também podemos optar por usar o que os ambientes aquáticos têm a nos oferecer sem ameaçar seu equilíbrio e sua biodiversidade. As algas, que representam a principal base das cadeias alimentares de águas doces, salobras e marinhas, são uma biomassa quase inesgotável que se renova muito rapidamente. Trata-se também, portanto, de um recurso interessante que pode ser utilizado na produção de bioplásticos para embalagens.

Várias espécies de algas são cultivadas e já utilizadas na alimentação humana, na agricultura e nas indústrias cosmética e farmacêutica. Os coprodutos e os resíduos dessa produção industrial também são reaproveitáveis para produzir bioplásticos. Aqui, como acontece com outros vegetais, várias soluções alternativas estão surgindo.

Algas pardas    Amido de algas

Alg&co® é um material composto por 50% de polipropileno (PP) e 50% de fibras de algas pardas ou de amido de algas que permite a produção de embalagens injetáveis. A reciclagem desse material na cadeia do PP está em processo de validação.

As conchas de ostras, mexilhões e vieiras, resíduos da malacocultura, também ocupam seu lugar na composição de novos plásticos para embalagens da NaturPlast®. Associadas a um percentual de 30% a 40% de polipropileno (PP) originário de biorrecursos, elas permitem produzir embalagens com aparência naturalmente iridescente.

## Tendência 4

## Minerais

O minério de ferro e a sílica são recursos minerais ancestrais utilizados para produzir materiais de embalagem de ferro branco e vidro. Quem poderia ter previsto que a pedra triturada poderia se tornar o principal componente de um filme plástico? O caulim, uma argila branca e friável, da família dos silicatos de alumínio, tem sido utilizado há muito tempo na indústria de papel para garantir que o papel couché seja impecável em brancura e suavidade. Então, por que não usar carbonato de cálcio no plástico?

Nesse caso, o plástico, que representa de 20% a 40% do substrato, é misturado com calcário triturado, representando os 60% a 80% restantes. O conjunto é colocado em uma extrusora e depois laminado em alta temperatura para obter uma folha em bobina que permite a produção de embalagens flexíveis. Desse modo, o plástico proporciona uma sensação próxima à do papel couché.

O carbonato de cálcio pode ser proveniente de resíduos de pedreiras, como o pó de giz ou de mármore, por exemplo. É também o principal componente das conchas de animais marinhos, corais e caracóis, do esqueleto ósseo de vertebrados e das cascas de ovos.

As propriedades desse novo material são muito interessantes para ambientes úmidos. O fim de sua vida útil representa, no entanto, uma questão a ser resolvida, pois o material não é compostável e não possui cadeia de reciclagem.

Armen Paper® é uma folha composta por 20% de polietileno (PE) e 80% de carbonato de cálcio, que possibilitam a produção de sacos e sachês de grande solidez.

Os rótulos compostos por 50% de pó de giz ou de mármore em combinação com papel ou plástico agora também estão disponíveis para várias aplicações.

Também é possível associar carbonato de cálcio ao polipropileno biorientado (BOPP) ou ao polietileno biorientado (BOPE). A disposição das camadas, compostas por 60% de recursos minerais na parte exterior e por 40% de plástico convencional na parte interior, permite criar sacos flexíveis adequados para o contato com alimentos.

## Tendência 5

## Substituto do PET

O polietileno furanoato (PEF) é um polímero de origem biológica, 100% reciclável, produzido a partir de matérias-primas renováveis, os açúcares derivados de plantas. É considerado o poliéster do futuro e uma verdadeira alternativa de base 100% biológica ao polietileno tereftalato (PET), à base de petróleo.

Uma avaliação do ciclo de vida indica que a produção de PEF permite uma redução significativa nas emissões e no uso de gases de efeito estufa, bem como na utilização de energia não renovável.

Esse novo bioplástico também possui propriedades de barreira a gases intrinsecamente mais altas para oxigênio, dióxido de carbono e vapor d'água do que o PET e pode, portanto, ser considerado uma alternativa interessante para embalagens como garrafas, filmes e bandejas de alimentos. No entanto, por mais adequada e mais eficiente que seja, essa matéria-prima sempre será classificada como plástico.

O PEF permitirá, então, substituir embalagens plásticas descartáveis produzidas a partir de um recurso fóssil por embalagens do mesmo tipo produzidas a partir de um recurso renovável. Isso merece reflexão, pois seja qual for a aplicação, o uso de plástico em embalagens descartáveis está em questão. A França, tal como o restante da Europa, deseja reduzir ou mesmo proibir de forma mais ampla os plásticos descartáveis.

As garrafas de polietileno furanoato (PEF) parecem irmãs gêmeas das garrafas de polietileno tereftalato (PET). No entanto, elas são de origem 100% biológica e permanecem 100% recicláveis em uma cadeia de reciclagem específica.

## Tendência 6

# Propriedades do plástico sem plástico

As caseínas, proteínas do leite animal, possuem propriedades bem conhecidas que têm sido utilizadas para fazer galalite desde o final do século XIX. Atualmente, as caseínas são utilizadas como aditivos em tintas, colas, papéis, produtos alimentícios ou cosméticos.

O Laboratório de Engenharia de Materiais Poliméricos (IMP, na sigla em francês), da Universidade de Saint-Étienne, as estuda há cerca de dez anos para desenvolver uma tecnologia que, ao contrário da galalite, é baseada em uma combinação de ingredientes 100% naturais e não está sujeita à transformação química para produzir um material propício para embalagens. Esse material, chamado Lactips®, não está listado como material plástico, mas tem as mesmas propriedades. Ele se insere perfeitamente nos processos industriais existentes por sua compatibilidade com os equipamentos industriais comumente usados. Além disso, o Lactips® é rotulado como composto doméstico e biodegradável em todos os ambientes, incluindo oceanos.

Os sachês de filme flexível Lactips® com propriedades de plástico são feitos de um material natural, a caseína. Esse filme é completamente biodegradável e solúvel em água.

## Tendência 7

# Embalagens cultivadas

Uma embalagem de origem 100% natural que cresce na natureza, quase como uma planta, pode parecer um conceito saído da imaginação de um autor de ficção científica. Contudo, é uma realidade com a solução inventada pela Embelium®, que declara justificadamente, sob seu logotipo, "cultivar a embalagem".

Esse material é composto por coprodutos agrícolas como fibras de cânhamo e o sabugo de milho aos quais se adiciona o micélio (parte do cogumelo) como aglutinante. O conjunto é cultivado em molde no formato da embalagem desejada, sem adição de qualquer adjuvante ou produto químico. Após aproximadamente quatro semanas, a peça formada em cultura é desidratada para interromper o processo e, em seguida, é desenformada.

Assim, o processo de cultivo das embalagens do Embelium® é natural. E é também um exemplo de economia circular: o material nasce da terra e retorna à terra. Essa embalagem 100% vegetal e sem aditivos é compostável e se decompõe em doze semanas, fornecendo húmus saudável e fértil.

A Embelium® isola e protege contra impactos. Por isso, pode encontrar numerosas aplicações no setor de embalagens em geral, mas especialmente naquelas de cosméticos, vinhos e bebidas destiladas.

Embelium® é um processo agrícola que permite criar suportes e embalagens. O princípio dessa nova tecnologia 100% natural é colocar em uma bandeja os coprodutos agrícolas provenientes do cânhamo, do sabugo de milho ou de sementes de girassol e semeá-los com micélio para uni-los. O conjunto é colocado em cultura por quatro semanas, quando o processo é interrompido e o conjunto é desenformado. A textura da embalagem é macia e suave. Após o uso, a embalagem é 100% compostável.

# Perspectivas para as novas alternativas

## Cinco Rs ininterruptos

As embalagens feitas de materiais alternativos, mesmo que venham de recursos renováveis, devem respeitar as mesmas regras que as outras embalagens. Elas são também sujeitas às mesmas obrigações legais em matéria de redução na fonte e na gestão do fim da vida útil. Além disso, as regras básicas do design ecológico, que já mencionamos, também se aplicam a embalagens feitas com esses materiais alternativos. Assim, as indústrias que as fabricam e aquelas que os utilizam devem sempre considerar os cinco Rs: reduzir, reutilizar, reciclar, reintegrar e reaproveitar.

No entanto, duas ações precisam ser desenvolvidas prioritariamente para que essas novas alternativas possam emergir ao fim desta revolução:

- Estudar soluções para gerir o fim da vida útil desses materiais, quando utilizam uma base de polímero originário de biorrecursos não biodegradáveis e não recicláveis. Sem dúvida, será necessário desenvolver cadeias específicas de reciclagem.
- Privilegiar a fabricação de embalagens reutilizáveis a partir desses novos tipos de materiais.

## Cadeias de reciclagem

Algumas dessas novas alternativas, embora apresentem qualidades ambientais inegáveis, não são biodegradáveis nem recicláveis. Essas embalagens plásticas originárias de biorrecursos serão banidas a partir de 2030 pela Comissão Europeia como parte de sua estratégia em relação aos resíduos plásticos. No entanto, pela falta de material fóssil disponível para produzir as embalagens plásticas nas próximas décadas, essas soluções provenientes de recursos renováveis, de coprodutos e resíduos de origem vegetal poderiam ser alternativas benéficas. A questão da existência desse tipo de materiais pode ser vista sob outro ângulo.

Não estudar desde já a possibilidade de reciclar as embalagens produzidas com esses novos materiais equivale a condená-los à inexistência. Não podemos restringir a investigação e a inovação a esse ponto. Em uma revolução, especialmente na fase inicial, tudo ainda parece possível. A revolução no sentido de novas alternativas não deve ser limitada apenas a novos materiais de embalagem; as práticas e as tecnologias de reciclagem também devem entrar conjuntamente nesse movimento.

A famosa fórmula "Nada se perde, nada se cria, tudo se transforma" do químico Antoine Laurent de Lavoisier, citada inúmeras vezes nos informativos de vários atores da cadeia de reciclagem e de defensores da economia circular, não significa que "transformar" consista apenas em voltar ao material original para produzir novamente a mesma coisa.

A reciclagem de embalagens obtidas a partir desses novos materiais também pode avançar na direção de novas alternativas. Por que embalagens compostas de materiais alternativos não seriam consideradas coprodutos do nosso consumo? Nesse caso, poderíamos utilizá-las diretamente como coprodutos, sem a necessidade de transformá-las ou misturá-las com outros componentes para criar novos produtos. A ideia não é revolucionária, é apenas outra concepção de como reciclar embalagens.

## Alternativas para embalagens reutilizáveis

As alternativas emergentes não podem ser apenas soluções para a substituição de embalagens plásticas existentes, descartáveis e recicláveis, ou mesmo biodegradáveis. Após a erradicação das embalagens não recicláveis, a segunda fase da revolução das embalagens será, sem dúvida, a reutilização.

Manter o foco no descartável seria um erro estratégico porque o caminho da reutilização é o verdadeiro desafio das embalagens de amanhã. Nesse caso, a adequação para o contato com alimentos é quase um postulado para essas novas alternativas, antes mesmo do interesse pelo fim de sua vida útil.

A garrafa Geodiz, produzida a partir de um termoplástico 100% originário de biorrecursos e de resíduos do trigo, é um exemplo perfeito da utilização de um material alternativo para criar embalagens reutilizáveis para o futuro.

# Uma revolução que fará surgir novas alternativas de embalagem e de gestão do fim de sua vida útil.

Capítulo 4

# VIDROS E METAIS

Além do alumínio, cuja participação na composição de certas embalagens é questionada, vidros e metais ainda não parecem ser colocados em causa pela revolução que está se formando. Bons alunos em termos de reciclagem de materiais, há muito tempo entusiastas da reintegração de material reciclado por razões econômicas e também adequados para fornecer soluções em termos de reutilização, esses materiais de embalagem já parecem assinalar um grande número de requisitos para cumprir as novas regulamentações e se beneficiar de sua boa imagem entre os consumidores. No entanto, não há motivo para que vidros e metais permaneçam fora do movimento, pois o vento da revolta poderia rapidamente colocá-los em questão.

# Embalagem de vidro

## Um pouco de história

Os primeiros objetos de vidro destinados a conter líquidos e produtos alimentícios datam de cerca de 1500 a.C. Esses recipientes, ancestrais da garrafa, eram produzidos por fundição. Em torno de uma manga de cobre modelava-se uma pasta de areia ou argila que dava a forma interior ao frasco. O vidro fundido era moldado e, depois, rolado no chão para uniformizar o repositório. Após o resfriamento, a manga era retirada e a massa, destruída e retirada. As paredes internas e externas da garrafa, muito irregulares, continham numerosos resíduos.

No século I, em Roma, apareceu a técnica do sopro, que consiste em colocar vidro fundido na extremidade de um bastão oco no qual se sopra para dar a forma desejada ao objeto. Essa prática permite fabricar garrafas de diversos formatos e espessuras, com superfície perfeitamente lisa. O sopro em um molde, técnica utilizada ainda hoje, difundiu-se a partir do final do século I com a primeira produção em massa. No entanto, a garrafa de vidro, para a qual existia o problema ainda não resolvido da rolha, continuou sendo um objeto raro, reservado a produtos luxuosos.

Foi necessário esperar pela invenção da rolha de cortiça para que a indústria de garrafas como embalagens se desenvolvesse. Ambas finalmente formaram um acondicionamento que preserva o vinho sem adição de especiarias ou conservantes.

No século XVIII, uma primeira indústria do vidro desenvolveu-se por meio de fábricas artesanais, nas quais um mestre e um aprendiz sopravam o vidro nos moldes metálicos em várias etapas. No final do século XIX, a produção de garrafas foi mecanizada. As primeiras patentes foram depositadas em 1870 na Europa por Souchon e Neuvesel. A primeira linha de produção totalmente automática de M. J. Owens, nos Estados Unidos, produzia 2 mil garrafas por hora.

O sopro bucal foi gradualmente substituído por um jato de ar comprimido em moldes de metal. Na França, a indústria de garrafas nasceu em Cognac, com Claude Boucher, mestre vidreiro, que colocou em funcionamento, no ano de 1894, a primeira linha de produção.

Essencialmente derivado de uma matéria-prima muito abundante, mas esgotável, que é a sílica contida na areia, o vidro é um material antigo e apreciado pelos consumidores. Seu circuito de fabricação é o mais curto possível: do vidro derretido no forno nascem potes, frascos de perfume ou, ainda, garrafas de vinho modeladas pelo calor em um molde. No entanto, como o derretimento é desencadeado em temperaturas muito elevadas, em torno de 1.600 °C, as vidraçarias preferem introduzir o vidro calcinado, resultante da coleta seletiva de embalagens domésticas, o que permite reduzir significativamente a temperatura de fusão e, portanto, o consumo de energia.

Ao sair do forno, a pasta fundida flui para canais aquecidos que mantêm a alta temperatura. Uma gota de vidro fundido é cortada na extremidade dos canais, e sua temperatura e seu formato variam dependendo da embalagem a ser fabricada. Essa gota de vidro, a bolha, passa sucessivamente por um molde de desbaste e depois por outro de acabamento, onde é soprado para formar a embalagem. O vidro deve ser resfriado gradualmente em um arco de recozimento para evitar variações de temperatura, que o tornariam frágil. As embalagens são, então, submetidas a tratamentos específicos para reforçar suas qualidades. As formas mais comuns de embalagens de vidro são garrafas, jarros e potes. Esses recipientes representam 49% da quantidade anual de embalagens domésticas colocadas no mercado francês, ou seja, 2,516 milhões de toneladas.

As embalagens de vidro são 100% e infinitamente recicláveis. Os consumidores se conscientizaram perfeitamente disso, pois a grande maioria as deposita em latas de lixo específicas, o que permite que esse material de embalagem alcance um percentual de 85% de reciclagem na França. Em 2019, os agentes do setor de vidraçaria se comprometeram com objetivos ainda mais ambiciosos: coletar, até 2025, 90% das embalagens de vidro para reciclá-las e chegar à marca de 100% até 2029, incorporando cada vez mais material reciclado em novas embalagens.

Para obter esses resultados, a indústria vidreira deve enfrentar um desafio imenso: a ascensão do vidro transparente encontrado, por exemplo, em garrafas de vinho rosé, jarros e potes. Embora seja fácil fabricar os vidros verde e marrom a partir de vidro calcinado de composição variada, é muito mais delicado obter um vidro transparente, no qual não deve aparecer nenhuma mancha colorida. Em vez de solicitar uma triagem adicional aos consumidores, as indústrias optaram por uma tecnologia de triagem com câmeras digitais para separar o vidro branco do verde. Contudo, deve ser enfatizado que a maior parte do vidro branco atualmente provém de matéria-prima virgem, e não da reciclagem.

Por fim, vale salientar que as garrafas de vidro são, há muito tempo, retornáveis, e que um circuito de vidro retornável para reaproveitamento ainda vigora em cafés, hotéis e restaurantes (CHR). Esses são, sem dúvida, os motivos que levam muitas pessoas a pensar que o retorno é possível e que o vidro é o material ideal para reaproveitamento.

A garrafa de vidro retornável e seu engradado de plástico formam um sistema que funciona perfeitamente para o transporte de ida e volta no circuito de cafés, hotéis e restaurantes.

## Uma aposta estratégica

Na França, 85% das embalagens de vidro são recicladas. A qualidade da embalagem é decisiva para os fabricantes de vidro; quando de composição ruim, leva a defeitos visuais ou mesmo a perigos reais. Nesses casos, a embalagem, portanto, não passa na fase final de controle de qualidade. Uma cadeia industrial de tratamento de embalagens de vidro se desenvolveu a partir da década de 1970, na época da primeira crise do petróleo: os consumidores colocam as embalagens em contentores apropriados, a comunidade local as coleta e depois as vende para um separador, que, por sua vez, vende-as para um vidreiro. Os centros de tratamento ficam, em geral, perto das vidrarias para limitar as fases de transporte. O papel do consumidor é essencial, pois a presença de elementos infusíveis, como louças em cerâmica ou vitrocerâmicas das placas de cocção, representam verdadeiros problemas industriais. Ou, quando a embalagem tem um nível muito alto de impurezas, é enviada para o aterro. O ciclo adequado do vidro é, assim, quebrado, embora teoricamente seja possível reciclá-lo 100% e de maneira infinita.

## Embalagem de vidro, evidentemente reutilizável

Na França, as embalagens reutilizáveis são principalmente as de vidro, em particular, as garrafas. São, em sua maioria, garrafas utilizadas para bebidas em cafés, hotéis e restaurantes (CHR), estabelecimentos que sempre empregaram esse sistema de gestão de embalagens pós-uso. Em 2017, 220 mil toneladas de embalagens de vidro foram reutilizadas nesse circuito profissional, ou seja, 552 milhões de garrafas de vidro. O sistema está bem estabelecido, trata-se de um princípio de logística reversa: os caminhões chegam no estabelecimento com garrafas cheias e aproveitam para levar de volta as garrafas vazias, devolvendo-as ao local de lavagem e reabastecimento. Este é um processo circular que limita as viagens e, portanto, minimiza as emissões de gases de efeito estufa. Durante a lavagem, uma fase de inspeção permite detectar as garrafas adequadas para reutilização. Aqueles que não o são, por apresentarem defeitos, serão recicladas. Dessa forma, o ciclo se fecha, de uma maneira ou de outra.

Inspiradas nesse modelo, surgem inúmeras iniciativas para implementar sistemas de reutilização para outros tipos de recipientes que não as garrafas, em especial para substituir bandejas descartáveis usadas em grande escala nos restaurantes de comida rápida. O comércio a granel é também o contexto ideal para o reaproveitamento de embalagens. Em todos esses casos, as opções de vidro são naturalmente percebidas como evidentes. Hoje, os agentes que desejam implementar soluções de reutilização não têm outra escolha senão usar os recipientes de vidro existentes. Estes, no entanto, não foram inicialmente projetados para o uso circular, mas para a culinária doméstica. Seria conveniente, portanto, aprimorar essas embalagens reutilizáveis de vidro com base em especificações precisas para que elas não escapem às regras do design ecológico: redução do peso, reintegração de material reciclado e reciclagem ao fim da vida útil, que nunca será eterna.

Hoje, os recipientes de vidro oferecidos para reutilização são praticamente iguais aos usados na cozinha para conservar alimentos. Eles têm tampa de plástico.

**As embalagens de vidro escaparão à revolução e terão de se reinventar para atender melhor aos requisitos de reutilização. No caso do vidro, a sua revolução ainda precisa ser feita.**

# Embalagem de aço

## Um pouco de história

Em 1795, durante a Revolução Francesa, Nicolas Appert inventa a apertização, um processo de esterilização a quente em recipientes hermeticamente fechados, a princípio garrafas semelhantes às de champanhe. Em 1810, Pierre Durand, um imigrante francês no Reino Unido, obtém do Rei George III a patente para um método de conservação de alimentos de acordo com o método de Appert. Contudo, por julgar o vidro frágil e pesado, ele recomenda o uso de embalagens de ferro estanhado. A lata de aço substitui muito rapidamente os recipientes de vidro; daí em diante, os alimentos apertizados se conservam quase que indefinidamente e são transportados sem risco de quebras. A partir de 1811, navios da Marinha britânica saem dos portos do reino em direção às colônias com os porões carregados com latas de alimentos fabricadas perto de Londres por Bryan Donkin. Na França, a lata de conserva em aço mais antiga conhecida é uma lata de sardinha. Ela data de 1810 e traz um rótulo acobreado estampado com o nome de Pierre-Joseph Colin. Esse artesão, mestre na arte das sardinhas em conserva, encontrou-se com Nicolas Appert em Nantes, no ano de 1805. Da conversa nasceu, sem dúvida, a lata de sardinha de hoje. Esse produto marca o início da indústria das latas de conserva na região de Nantes, pois, a partir de 1815, o catálogo de vendas de Pierre-Joseph Colin inclui carnes, legumes, frutas e outros peixes enlatados.

A partir de meados do século XIX, as embalagens de aço se estendem para muitos produtos. Surgem latas para acondicionar produtos de mercearia: bolos, sementes, café, farinha, etc. Nesse período e até meados do século XX, as latas, esvaziadas de seu conteúdo, não são consideradas resíduos e são geralmente transferidas para uma nova função. Algumas delas até faziam parte da decoração doméstica. Não era raro encontrá-las na cozinha, transformadas em latas de temperos, açúcar, café, chá, biscoitos, doces... As marcas também não estavam alheias a essa reutilização de suas embalagens. Ao reproduzir pinturas de mestres ou imagens populares, elas encorajavam os consumidores a guardá-las e as reempregarem para vários usos de armazenamento. Algumas marcas, como a Banania, chegaram ao ponto de pensar na segunda vida de suas embalagens, imprimindo diretamente na superfície externa sua nova função: lata de farinha, de macarrão, de arroz, etc.

Para fazer aço, precisa-se principalmente de minério de ferro, carvão, cal e ferroligas para conferir a ele certas características. A fabricação requer grande quantidade de energia e muita água para resfriamento das instalações, pois a temperatura de queima em um alto-forno excede 1.500 °C. A fabricação do material também pode ser feita, total ou parcialmente, com o emprego de aço recuperado e forno elétrico. Assim, para o aço, a reciclagem é uma verdadeira bênção. Ela é praticada desde o início da indústria metalúrgica, graças ao trabalho de sucateiros. A utilização de sucata e metais recuperados possibilita deixar os altos-fornos e avançar para a siderurgia elétrica, resultando na economia de muita energia e de matérias-primas.

Embora sejam um mercado menor em comparação aos da construção, do automóvel ou das ferrovias, as embalagens leves de aço fazem parte da tradição da indústria pesada, que é a metalurgia. Esse setor industrial de embalagens não para de se massificar e de padronizar sua produção ao longo do tempo para chegar ao fornecimento de recipientes quase idênticos para todos os seus clientes.

Por embalagens de aço leve, entendemos embalagens de ferro branco, preto e cromado. A indústria alimentícia, incluindo a de bebidas (embalagens enlatadas, bandejas, latas, etc.), representa mais de dois terços da quantidade anual de 253 mil toneladas de embalagens de aço colocadas no mercado francês. O restante é dividido entre embalagens para produtos industriais (químicos, tintas, vernizes, lubrificantes, etc.), latas de aerossóis (produtos cosméticos, biológicos, medicamentos, etc.) e sistemas de fechamento (cápsulas, tampas, etc.).

Nos últimos vinte anos, o peso das embalagens de aço teve uma redução de 33% em média graças à redução contínua da espessura do aço sem nenhuma perda em termos de robustez e de tempo de conservação dos produtos. Por exemplo, a espessura média de uma lata de conserva de três peças passou de 0,2 mm em 1986 para 0,13 mm hoje.

Ao mesmo tempo, foram desenvolvidos e aprimorados os sistemas de abertura fácil. Contudo, é sem dúvida na diversidade de formas e tamanhos que as embalagens de aço, campeãs da racionalização industrial, ainda têm muito esforço para fazer. Mesmo depois da revolução, as marcas vão sempre querer se diferenciar por meio de suas embalagens, e os consumidores não aceitarão um compromisso menor em termos de estética e facilidade de uso. Convém, portanto, que a indústria de embalagens de aço reduza o controle da padronização. No entanto, uma coisa já é certa para esse material de embalagem: ele é fácil de reciclar, 100% e de maneira infinita.

## Campeão de reciclagem

Quando se trata de reciclagem, as embalagens metálicas não esbarram em pormenores. A coleta de aço é econômica e muito eficiente. O *overband*, uma esteira magnética suspensa acima de transportadores de resíduos de embalagens, capta por simples magnetização quase tudo o que é de ferro ou aço. Esse dispositivo permite a recuperação de embalagens de aço nos fluxos de resíduos domésticos ou em resíduos de incineração.

Graças ao magnetismo, as embalagens de aço são muito fáceis de capturar em todos os circuitos de coleta. Se o consumidor se enganar no momento da triagem, o ímã sempre corrigirá os erros. Consequentemente, o aço é hoje o material de embalagem mais reciclado, com um percentual de reciclagem de 100% na França!

## Embalagem de aço: retorno à forma e à reutilização

As embalagens de aço vêm de uma indústria pesada, que privilegia a racionalização e a produção em massa, e na qual é difícil desviar-se do quadro-padrão. Com esse material, os custos de ferramentas e suporte nas linhas de produção são muito importantes. Portanto, é necessário fabricar grandes quantidades de embalagens para conseguir preços competitivos por unidade. No entanto, os mercados utilizadores ainda esperam mais especificações e exclusividade para se destacar de seus concorrentes.

Não se trata, obviamente, de retornar às incríveis embalagens de aço do final do século XIX e início do século XX para as quais nenhuma forma e nenhuma representação pareciam impossíveis de alcançar. A produção, que na época ainda era semiartesanal, com mão de obra barata, hoje seria cara.

As siderúrgicas e os fabricantes de embalagens oferecem soluções cada vez mais viáveis economicamente que permitem desbanalizar a oferta. Assim, certamente veremos o surgimento, nos próximos anos, em diferentes mercados, de embalagens de aço cada vez mais originais que cumpram os objetivos de integração de material reciclado, embalagens que serão 100% recicláveis e, em certos casos, reutilizáveis. O fim das embalagens descartáveis também é um desafio que deve ser enfrentado pelo aço. Esse material parece ser, assim como o vidro, legítimo o suficiente para reutilização. Por isso, não é surpreendente ver o aparecimento de embalagens de aço nas primeiras redes de vendas que utilizam recipientes reutilizáveis. Mas ainda há muito a fazer para desenvolver embalagens revolucionárias. E o material mais bem adaptado a isso é provavelmente o inox, com espessuras maiores.

A Frisk oferece pastilhas em embalagens de aço equipadas com sistema de abertura por dobradiça, muito fácil de usar. A marca está gravada no metal, o que dá à embalagem um toque singular e com uma aparência única.

A Häagen-Dazs e a Maison Verte oferecem embalagens de aço reutilizáveis para comercialização na plataforma Loop.

## Em resumo: as embalagens de aço devem recuperar as formas e a aparência originais, e as embalagens de aço reutilizáveis ainda não foram inventadas. A revolução está apenas começando.

# Embalagem de alumínio

## Um pouco de história

Foi em 1821 que o mineralogista e engenheiro de minas francês Pierre Berthier descobriu, nos arredores de Les Baux-de-Provence, as amostras de um minério ao qual dá o nome de bauxita, que se tornará a matéria-prima do alumínio.

A França permaneceria até o início do século XX como a primeira produtora mundial de bauxita, antes de grandes explorações ao ar livre na África, na Austrália e na Jamaica. Em 1825, o químico dinamarquês Hans-Christian Oersted isolou o alumínio pela primeira vez, por reação química envolvendo um amálgama com potássio.

Entre 1827 e 1845, o químico alemão Friedrich Wöhler aprimorou esse processo usando potássio metálico. Ele também foi o primeiro a medir a densidade do alumínio e comprovar sua leveza. Em 1854, na França, Henri Sainte-Claire Deville obteve um metal puro, reduzido pelo sódio, e não mais pelo potássio. Com o apoio de Napoleão III, ele criou uma fábrica experimental e produziu um alumínio puro que apresentou na Exposição Universal de Paris em 1855. A fabricação industrial começou em 1860 na fábrica de Salindres, no distrito de Gard. Por quase trinta anos, a unidade produziu alumínio de acordo com o processo de Henri Sainte-Claire Deville. O ano de 1886 marcou uma nova etapa na produção de alumínio: Paul Héroult, na França, e Charles Martin Hall, nos Estados Unidos, descobriram, de forma independente, que o óxido de alumínio, ou alumina, dissolve-se em criolita e pode ser decomposto por eletrólise para produzir um metal fundido bruto. Em 1887, o químico alemão Carl-Josef Bayer patenteou um processo de transformação de minério de bauxita em alumina. A primeira fábrica equipada com tanques de produção industrial de alumínio eletrolítico se instalou um ano depois em Froges, Isère. Contudo, a produção de alumínio era cara, e ele passou a ser considerado um metal semiprecioso; seu preço, na época, era comparável ao da prata. Ele era usado principalmente na ourivesaria, na relojoaria e na fabricação de objetos religiosos. A partir de 1914, o alumínio assumiu um papel importante na indústria da aviação. Aos poucos, o uso do alumínio se democratizou e ele se tornou material de embalagem a partir de 1939 com a primeira lata sem soldagem fabricada por Pechiney. Seu uso passou a ser incentivado pela falta de folha de flandres. O alumínio rapidamente se tornou um sério concorrente do aço e assumiu a liderança de certos mercados, trazendo inovações de aberturas e formas.

Para obter o alumínio, parte-se de um minério, a bauxita, da qual se extrai, por um processo químico, um óxido de alumínio, a alumina. Para fazer isso, a bauxita é triturada e depois misturada com soda em alta temperatura e sob pressão. A solução obtida, aluminato de sódio, é despojada de impurezas, diluída e resfriada, o que causa precipitação de óxido de alumínio hidratado. Esta é calcinada para obter a alumina destinada à produção de alumínio. São necessárias 4 toneladas de bauxita para a obtenção de 2 toneladas de alumina, da qual se extrai, por eletrólise, 1 tonelada de alumínio. Duas técnicas principais são aplicadas para produzir as embalagens de alumínio:

- Pequenas embalagens, latas de conserva, garrafas, frascos, latas de bebidas e bisnagas são fabricados por fiação e, depois, afunilamento. A fiação de choque consiste em transformar um disco grosso em uma espécie de tubo com a ajuda de uma prensa mecânica. Esses tubos são, então, transformados em cones, ou seja, moldados por estágios sucessivos de retração da borda livre até que ela tenha o formato e a abertura desejados.
- As bandejas são feitas de folha de alumínio em bobina, cortada, estampada e dobrada.

O alumínio também é amplamente utilizado em folhas finas como lacres para fechar potes de iogurte e outros produtos alimentícios, cosméticos e farmacêuticos. Além disso, muitas vezes invisível dentro de embalagens flexíveis de plástico e de alimentos, uma fina folha de alumínio constitui uma barreira eficaz ao oxigênio e à luz.

Nos últimos anos, o alumínio viu sua participação no mercado aumentar significativamente com o advento do mercado de cápsulas de café do tipo Nespresso.

Com um total de 84 mil toneladas, sem contar o significativo percentual contido em caixas cartonadas de alimentos e em embalagens complexas, o alumínio ainda é muito pouco reciclado, com um percentual de reciclagem de apenas 48% na França. Contudo, o alumínio é quase infinitamente reciclável, sem alteração de suas propriedades.

## Embalagem de alumínio que vai e volta

Durante este primeiro período da revolução, os principais desafios para o alumínio são, portanto, a reciclagem e a reintegração de material reciclado. Mais uma vez, isso certamente implicará a melhoria das embalagens e dos centros de triagem. A baixa taxa de reciclagem das embalagens de alumínio é amplamente explicada pela natureza do material. Se embalagens grandes e rígidas em alumínio, como latinhas, aerossóis e outras latas de conserva, se recuperam bem no centro de triagem, porque são detectadas e classificadas automaticamente por um campo magnético de alta frequência de uma máquina de correntes de Foucault, esse não é o caso de todas as peças pequenas e complexas. Desse modo, muitas peças, como lacres, tampas, coberturas, embalagens pequenas e até mesmo algumas latas muito amassadas e cápsulas de café, por exemplo, escapam entre as malhas da cadeia e são destinadas à incineração ou ao aterro.

Sabendo que a fusão do alumínio para reciclagem requer apenas 5% da energia necessária para sua extração e produção a partir da bauxita, é desnecessário recorrer à calculadora para compreender o grande benefício da reciclagem repetida desse material de embalagem. Aprimorar a coleta, a triagem e a reciclagem de embalagens e objetos pequenos de alumínio é, portanto, um grande desafio para que se possa reintegrar cada vez mais alumínio reciclado nas embalagens. E a revolução não demorou a chegar a esse domínio.

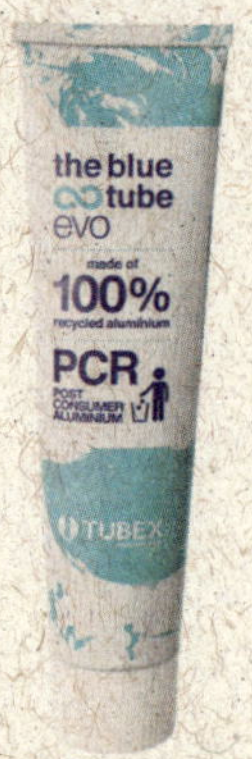


O Blue Tube Evo® é composto por alumínio 100% reciclado pós-consumo.

**Assim, o setor das embalagens de alumínio estabelece objetivos ambiciosos e continua sua revolução para girar cada vez mais rápido.**

# O AVANÇO RUMO AO SEGUNDO PERÍODO DA REVOLUÇÃO

A revolução das embalagens não escapará à regulamentação. Ela se desdobrará de acordo com várias fases. Nesse primeiro período tumultuado, em que não se passa uma semana, um dia sem que um agente da cadeia anuncie sua solução salvadora, as grandes tendências estão claramente emergindo em vários benefícios: redução na fonte, sempre e cada vez mais; 100% de reciclagem; reintegração máxima de material reciclado; bem como a escolha racional de novos recursos renováveis com baixo impacto no meio ambiente. A reutilização e o reaproveitamento estão batendo à porta dessa revolução para impedir o descarte sistemático em setores nos quais ele nem sempre se justifica.

As indústrias já não têm escolha, devem agora se inserir nessa revolução das embalagens. Haverá aquelas que conseguirão fazer isso, e outras que estarão fora! No entanto, também devemos estar alertas, nos abrir às mudanças que estão por vir, às novas tendências que certamente vão surgir e àquelas que vão desaparecer. Assim, a transição pode passar por várias etapas. Vamos, agora, avançar para o segundo período da revolução da embalagem.

“O sucesso não é definitivo,
o fracasso não é fatal,
é a coragem de continuar que conta.”

**Winston Churchill**

PARTE II – SEGUNDO PERÍODO

# A EXPERIMENTAÇÃO DE NOVAS SOLUÇÕES

# O experimento de novas soluções

**Menos plástico**
**Mais leve**
**Reciclado**
**Reutilizável**
**De biorrecursos**
**De origem vegetal**
**Reciclável**
**Zero plástico**
**Compostável**
**Recarregável**
**Retornável**
**Reaproveitável**
**Zero embalagem**

Durante os primeiros anos da revolução da embalagem, alguns desses argumentos e muitos outros, mais ou menos infundados, aparecem claramente em muitas embalagens. O objetivo é destacar uma ou mais qualidades da embalagem no que diz respeito à proteção ambiental, a fim de tranquilizar e convencer um consumidor que se declara cada vez mais sensível à causa. Tal diversidade de alegações de natureza qualitativa e quantitativa relativas às embalagens demonstra muito bem que o setor não só está em plena transformação, mas, acima de tudo, que ainda está propondo muitas soluções, nem todas seguindo necessariamente na mesma direção. Assim, a revolução das embalagens não levará à embalagem ideal porque esta jamais existirá. Existirão, porém, soluções de embalagem para as quais, na maioria dos casos, apenas alguns indicadores de impacto ambiental serão melhorados. Infelizmente, por vezes, isso acontece em detrimento de outros indicadores. Daí a importância de prestar atenção às transferências de impacto.

Em praticamente todos os setores, os fabricantes nunca atribuíram tanta importância a suas embalagens. Eles se perguntam sobre o futuro delas, desejam aprimorá-las, planejam repensá-las completamente ou apenas dispensá-las.

Diversos motivos levam os produtores a esse questionamento profundo de suas embalagens:

- A lei, que hoje exige que se respeitem os 3Rs (reduzir, reutilizar e reciclar), para que cumpram o decreto homônimo e para antecipar novas regras que estão por vir.
- A pressão crescente dos consumidores, que expressam fortes expectativas, às vezes contraditórias, sobre os produtos embalados que consomem e os resíduos gerados.
- A multiplicação de iniciativas, associações e start-ups para desenvolver a compra a granel, a reutilização, o reaproveitamento e consumo com resíduo zero.
- A vontade de alguns distribuidores, que atualmente fazem desse tema, sobretudo da redução do plástico, um argumento de sua publicidade a favor do meio ambiente.
- O respeito pelos compromissos assumidos em sua política de responsabilidade socioambiental (RSA), que muitas vezes contém um capítulo dedicado à redução do impacto de suas embalagens.
- E, para alguns deles, os mais visionários, uma consciência de que talvez estejam no fim de um modelo e que é chegada a hora de questionar.

A revolução das embalagens está realmente em curso, com novas soluções para embalagens colocadas diariamente no mercado. A crise sanitária da covid-19, o aumento dos custos de todas as matérias-primas, a escassez e a guerra na Ucrânia não desaceleraram o ritmo de lançamento de novas embalagens. Não se pode deixar de constatar que a maioria delas faz parte das principais tendências apresentadas na parte I, "Primeiro período: o surgimento de novas soluções". Por isso, aquilo que qualificamos como tendência emergente ontem tornou-se, em muitos casos, uma realidade em fase experimental.

Passamos, portanto, para uma nova fase da revolução das embalagens, que descrevo como o segundo período, com a experimentação de novas soluções. Lemas chamativos e publicidades "mais verdes que o verde" ainda são amplamente divulgados. Argumentos ambientalistas nas embalagens tornaram-se essenciais. Cada nova solução proposta é exibida como melhor do que a outra, o que não facilita a compreensão do consumidor, nem a de muitos fabricantes. Os observadores enfurecem nas redes sociais. Alguns acham que não basta, que o problema permanece; outros afirmam que a situação está pior ou melhor do que antes. No entanto, ao dar um passo para trás, buscando a objetividade, agora ficou mais fácil controlar a veracidade dos comentários medindo, de fato, se há ou não há progresso.

O objetivo desta parte II é analisar 101 embalagens que foram desenvolvidas e colocadas no mercado nos últimos anos, tanto para cumprir regulamentos como para dar início à transição ecológica rumo a uma embalagem mais justa. Também damos a palavra aos agentes da revolução, os produtores mais comprometidos, que não hesitam em fazer diferente e correr riscos sem pretender ter a solução milagrosa para reduzir cada vez mais o impacto ambiental de suas embalagens.

# Uma aceleração exponencial de disposições regulatórias

É preciso reconhecer que as disposições regulatórias relativas ao projeto das embalagens datavam de outro século. Elas foram editadas e previstas pela diretiva 94/62/CE, de dezembro de 1994, do Parlamento Europeu. Elas visavam harmonizar as medidas nacionais relativas à gestão de embalagens e de resíduos de embalagens e aprimorar a qualidade do meio ambiente, prevenindo e reduzindo o impacto de embalagens e seus resíduos ao exigir a redução na fonte. O objetivo desejado era forçar os produtores a realizar procedimentos para a redução do peso de suas embalagens. Desde a implementação, essa diretiva foi alterada sete vezes para estabelecer novas regras a fim de reduzir cada vez mais a produção de resíduos e o impacto ambiental das embalagens. A última versão, de 2018, é a diretiva (UE) 2018/852, que faz parte do pacote de economia circular e cujo objetivo é limitar ainda mais a produção de resíduos de embalagens e promover a reutilização, a reciclagem e outras formas de valorização dos resíduos de embalagens, mais do que sua eliminação definitiva, contribuindo assim para a transição rumo a uma economia circular. No entanto, apesar dessas sucessivas revisões, nada mudou substancialmente desde 1994. Estudos recentes também destacam a falta de eficácia dessas diretrizes para melhorar o design de embalagens, incluindo sua reciclabilidade, e para reduzir o número de unidades nos resíduos domésticos.

Já em 2018, apresentei em minha obra intitulada *L'emballage à l'aube de sa révolution* [*A embalagem no princípio de sua revolução*] os fortes indícios que anunciavam uma profunda revisão das regras, com possibilidades muito concretas de proibição da comercialização de embalagens plásticas. Poucos dias depois da publicação daquele trabalho, a lei francesa nº 2018-938, de outubro de 2018, voltada para o equilíbrio das relações comerciais nos setores agrícola e de alimentos, e para uma alimentação saudável, sustentável e acessível a todos (conhecida como EGalim), anunciou o fim do fornecimento de embalagens plásticas descartáveis em locais de refeições coletivas e de recipientes plásticos para alimentos em escolas, universidades e estabelecimentos subsidiados pelo Estado. Aos meus olhos, essa foi a confirmação do forte desejo das autoridades públicas francesas de fazer as coisas acontecerem.

Em junho de 2019, após a votação da diretiva europeia 2019/904 relativa à redução do impacto de certos produtos plásticos no meio ambiente (conhecida como diretiva SUP), outras proibições e/ou restrições surgiram para certas embalagens plásticas descartáveis. Declarei, então, nas redes sociais e durante as conferências: "Já não estamos no princípio da revolução, o alarme soou e serão dias longos de reinvenção das embalagens".

Tudo se tornou mais rápido a partir de 2020 com a promulgação na França da lei relativa à luta contra o desperdício e a favor da economia circular (conhecida como lei Agec), que estende os limites muito além da diretiva SUP. Outras medidas de proibição ou obrigações caem e objetivos ambiciosos são definidos:

- Uma nova proibição, a partir de 2022, para o acondicionamento total ou parcial em plástico de frutas e legumes frescos e não processados visando à venda, exceto para lotes acima de 1,5 kg e exceções a definir.
- Uma redução de 50% até 2030 no número de garrafas plásticas descartáveis para o comércio de bebidas.

- A definição de uma trajetória nacional, com o objetivo de aumentar o percentual de embalagens reutilizadas colocadas no mercado em comparação com embalagens descartáveis: 5% em 2023, depois 10% em 2027.
- Por fim, mesmo que alguns achem a data muito distante, enquanto outros protestem contra esta medida: estabeleceu-se o objetivo de acabar com a comercialização de embalagens plásticas descartáveis até 2040, com meta de redução definida por decreto para o período 2021-2025 e, em seguida, para cada período consecutivo de cinco anos.

Se a emergente revolução das embalagens estava até então reservada a alguns produtores visionários que se arriscaram a experimentar novos modelos, com a lei Agec ela se tornou uma obrigação para alguns deles.

O primeiro decreto quinquenal para o período de 2021 a 2025, o decreto 3Rs de redução, reutilização e reciclagem, foi publicado em 29 de abril de 2021. Ele estabelece os seguintes objetivos:

- Redução de 20% nas embalagens plásticas descartáveis até o final de 2025, sendo pelo menos metade disso obtida por meio de reaproveitamento e reutilização.
- Esforço para redução de 100% nas embalagens plásticas descartáveis até o final de 2025.
- Avanço para 100% de reciclagem das embalagens plásticas descartáveis até 1º de janeiro de 2025 e, para isso, a meta é que todas as embalagens plásticas descartáveis colocadas no mercado até 1º de janeiro de 2025 possuam uma cadeia operacional de reciclagem.

## O que é uma embalagem inútil?

O decreto 3Rs define o conceito de embalagem inútil da seguinte maneira: "desprovida de função técnica essencial, como o papel de proteção, higiene e integridade do produto, transporte ou suporte de informações regulatórias".

Dito de outro modo, muitas funcionalidades, como a função comercial, a de marketing e a de atendimento ao consumidor poderão, no futuro, revelar-se inúteis. As discussões prometem ser difíceis, e isso exigirá uma análise e uma reflexão aprofundadas que não devem deixar espaço para dúvidas ou interpretações arriscadas.

Por fim, para encerrar bem o ano de 2020, no dia 31 de dezembro foi promulgado na França o decreto 2020-1828 relativo à proibição de recipientes descartáveis de poliestireno expandido para alimentos e bebidas. Para quem ainda duvidava, a revolução estava bem à porta.

Não foi necessário esperar muito para ver novas medidas aparecerem no direito francês. Em agosto de 2021, foi votada a lei nº 2021-1104 (conhecida como lei Clima e Resiliência), relativa à luta contra as mudanças climáticas. Essa lei visa desenvolver as vendas a granel e proibir certas embalagens descartáveis constituídas por polímeros ou copolímeros de estireno, não recicláveis e impossíveis de serem integrados a uma cadeia de reciclagem até 2025.

Quanto à obrigação de apresentar frutas e legumes frescos não processados para venda sem embalagem composta, no todo ou em parte, por material plástico, o decreto francês nº 2021-138 foi publicado em outubro de 2021, com entrada em vigor a partir de 1º de janeiro de 2022, conforme previsto em lei. Algumas frutas e legumes dispõem, no entanto, de um adiamento da obrigação, sendo que o prazo mais longo vai até junho de 2026.

As garrafas plásticas de bebidas não foram esquecidas: o decreto francês nº 2021-1060, de 9 de dezembro de 2021, prevê para 2025 a incorporação de pelo menos 25% de plástico reciclado, aplicável a garrafas de bebidas, incluindo suas tampas e lacres plásticos, passando para 30% em 2030. As garrafas plásticas de leite não refrigerado estão temporariamente isentas por uma cláusula de revisão que determina a realização de um balanço em 2025.

E esse processo ainda não acabou, porque outros decretos, principalmente de embalagens reaproveitadas, estão sendo desenvolvidos atualmente.

A Comissão Europeia incentiva a seguinte hierarquia em suas políticas para embalagens: reduzir o consumo, reutilizar e, por fim, reciclar. No entanto, uma grande agitação ainda está por vir, pois vários países europeus anunciaram, em janeiro de 2022, a forte expectativa de uma revisão profunda e ambiciosa da diretiva das embalagens. A Comissão Europeia deseja introduzir novas disposições para aprimorar o design das embalagens a fim de favorecer a reutilização, a reciclagem e o aumento da incorporação de material reciclado, além de, sempre e cada vez mais, reduzir a produção de resíduos de embalagens.

Afinal, este também é o movimento em nível mundial, pois as embalagens perdidas na natureza não se restringem ao Espaço Schengen. Representantes de 175 nações se comprometeram, no início de março de 2022, a desenvolver um acordo legalmente vinculativo até o final de 2024 para prevenir e reduzir a poluição plástica, o que, estou certo, terá um impacto nos resíduos de embalagens.

Se esta aceleração exponencial das disposições regulatórias pode ser vertiginosa, a meu ver, no entanto, o roteiro parece bastante claro para os fabricantes que estão considerando as soluções de embalagem do futuro. Eles devem imperativamente:

- Questionar de maneira sistemática a real utilidade de suas embalagens e algumas de suas funcionalidades.
- Reduzir a comercialização de produtos em embalagens descartáveis, qualquer que seja o material, e pouco a pouco se afastar do plástico, utilizando-o apenas quando for indispensável.
- Garantir que 100% de suas embalagens sejam fáceis de reciclar e que sejam de fato recicladas em uma cadeia econômica e ecologicamente viável.
- Reintegrar o máximo possível de material reciclado em suas embalagens, seja qual for o material e a origem.

- Favorecer soluções de embalagens reutilizáveis e/ou reaproveitáveis em sistemas compartilhados para limitar custos e otimizar a redução dos impactos ambientais.
- Atuar, eventualmente, na formulação de seus produtos para limitar a utilização de embalagens em excesso.

Convém acrescentar que não há espaço para "falsas aparências". Todas essas novas soluções de embalagem devem ser testadas, avaliadas de forma não tendenciosa e aprimoradas ao longo do tempo para não desviarem do caminho.

# Um impacto ambiental da embalagem que já não depende de interpretação

As embalagens, como todos os produtos manufaturados e a atividade humana em geral, têm impacto no meio ambiente. Contudo, convém lembrar aqui que a embalagem não tem nenhuma razão de existir sem aquilo que deveria conter. Portanto, a embalagem é apenas um auxiliar do produto, para o qual ela cumpre um certo número de funções, da produção ao seu consumo, passando por todas as suas fases logísticas. Além disso, ao realizar um estudo de impacto ambiental de uma embalagem, é sempre necessário considerar o par recipiente-conteúdo, ou seja, o produto em sua embalagem. E mais, esta última, qualificada como embalagem primária, possivelmente está protegida por uma ou mais embalagens secundárias. O conjunto é, então, embalado para transporte. O todo, perfeitamente empilhado e protegido por elementos de embalagem terciária: um palete, por vezes com proteções nos cantos, cintas feitas de elos metálicos ou plásticos para manter tudo junto, depois uma cobertura de papelão ou plástico retrátil ou várias dezenas de metros de filme extensível para proteger tudo. Trata-se, na realidade, de um verdadeiro empilhamento de camadas qualificadas como um sistema de embalagem que garante o transporte do produto embalado do local de produção até o local de entrega. Por isso, para obter resultados honestos e confiáveis sobre o desempenho real de uma embalagem, também é adequado considerar todo o sistema de embalagem necessário para a comercialização do produto embalado.

O impacto ambiental de um produto embalado é medido de acordo com regras precisas e normas estabelecidas pelo método de avaliação do ciclo de vida (ACV). Isso permite obter dados qualitativos e quantitativos desde a concepção até o fim da vida útil do produto. São consideradas as principais etapas: extração de matérias-primas, produção de elementos de embalagem, desenvolvimento do produto, acondicionamento do produto na embalagem, distribuição do produto embalado, utilização do produto pelo usuário final ou consumidor, fim da vida útil do produto não consumido ou utilizado, tratamento dos resíduos associados e das embalagens. Cada uma dessas etapas faz parte de uma cadeia logística, a cadeia de suprimentos, durante a qual ocorrem operações de manuseio e transporte e fases de armazenamento. A sucessão de todas essas etapas envolve fluxos de entrada e saída de matérias-primas e de energia que têm mais ou menos impacto em vários indicadores relativos ao ar, à água, aos recursos hídricos do solo e à saúde humana. Assim, uma ACV é sempre uma abordagem de múltiplos critérios que estuda simultaneamente diferentes indicadores de impacto sobre os quais é fundamental fazer uma escolha pertinente.

Durante um estudo comparativo entre duas soluções de embalagem, com funcionalidades idênticas e para o mesmo produto, a ACV permite não só avaliar os ganhos ambientais, mas também e sobretudo averiguar se não há transferência de impacto, como o aumento do consumo de embalagens secundárias, o aumento nos fluxos logísticos, um desempenho mínimo de reciclagem, etc. Contudo, muitas vezes, na comunicação das vantagens ambientais de uma embalagem, fala-se apenas da superioridade de um ou dois indicadores, obscurecendo outros que às vezes podem ser muito menos vantajosos e até problemáticos. Tudo isso geralmente é apenas uma questão de escolha e interpretação por parte do emissor da mensagem. Objetividade, nós sabemos, não é prerrogativa dos gestores de marketing e comunicação.

O estudo sobre a contribuição para o efeito estufa é realizado sistematicamente durante uma ACV. O artigo 2 da lei Clima e Resiliência especifica que a abordagem ambiental deve: fornecer informações sobre o impacto ambiental de mercadorias e serviços considerados ao longo de todo o seu ciclo de vida; tratar de biodiversidade, consumo de água e outros recursos naturais; e levar em consideração as emissões de gases de efeito estufa. Estas últimas também são um dos raros impactos para os quais existem objetivos definidos em nível global no quadro do Acordo de Paris durante a COP 21. No entanto, parece que em termos de embalagem, você não deve ficar de olho apenas nesse indicador ligado às alterações climáticas, ainda que nosso objetivo comum deva ser reduzi-las a fim de chegar próximo à neutralização do carbono o mais rapidamente possível. De acordo com um estudo realizado em 2012 pela Comissão Geral para o Desenvolvimento Sustentável sobre a média anual do carrinho de produtos de consumo cotidiano dos franceses, o teor de carbono atribuível às embalagens é de 8% das compras. Esse é o motivo pelo qual, segundo fontes e estudos da França e da Europa, as embalagens representam entre 1,5% e 2% das emissões globais de gases de efeito estufa apesar de nosso consumo imoderado.

No entanto, outros números são muito menos positivos. O desperdício de embalagens, por exemplo, representa cerca de 30% em peso e 50% em volume na quantidade total de nossos resíduos domésticos. Da mesma forma, o percentual de reciclagem de alguns resíduos de embalagens, como as caixas cartonadas de alimentos, é de 57%, o das garrafas de polietileno tereftalato (PET) é de 59%, e o de todas as embalagens plásticas é de apenas 30%. Convém observar, no entanto, que após vários anos de estagnação em 68% na França, o percentual de reciclagem de coleta e de embalagens domésticas aumentou para 72% entre 2020 e 2021, um desempenho que se dá principalmente graças aos papéis e papelões, que tiveram ganho de 7 pontos em um ano, atingindo 72% de reciclagem.

Junto a esses números parciais, notamos um aumento da poluição terrestre e marinha por resíduos plásticos, alguns dos quais contêm uma quantidade significativa de resíduos de embalagens. É importante reduzir, portanto, não apenas as emissões de dióxido de carbono ($CO_2$), mas também, e sobretudo, a produção de resíduos de embalagens, mesmo recicláveis. É o fluxo da torneira das embalagens que deve ser reduzido, pois parece-me no mínimo ingênuo e no máximo desonesto dizer que a relação conflituosa entre o ambiente e as embalagens será resolvido simplesmente integrando as embalagens em uma economia circular. Reciclar e reintegrar nunca será suficiente, mesmo que a fabricação e a reciclagem de embalagens de plástico sejam, sem dúvida, mais eficientes em energia e emissões de gases de efeito estufa (GEE) do que a das embalagens produzidas com outros materiais.

Por fim, é hoje um fato reconhecido e indiscutível que os recursos da Terra não são inesgotáveis. Na velocidade com que as coisas estão acontecendo, estimamos que muitos recursos naturais estarão esgotados nas próximas cinco décadas e, com certeza, antes do final deste século. Assim, antes do início do século XXII, podemos esperar o fim do petróleo, do minério de ferro e da sílica, materiais amplamente utilizados na fabricação de embalagens. Consequentemente, cada vez mais pessoas querem embalagens que sejam feitas de materiais alternativos renováveis, na proporção que o planeta é capaz de nos oferecer temporada após temporada. No entanto, esses novos materiais, alguns dos quais são muito antigos, muitas vezes têm uma pegada de carbono mais importante do que os seus antecessores, particularmente as de plástico de origem fóssil. Além disso, um grande número deles não é reciclável, pela falta de uma cadeia organizada ou mesmo pela impossibilidade técnica. A equação, portanto, não é simples de resolver e não existe fórmula mágica.

Seja como for, todas as embalagens têm impactos potenciais mais ou menos relevantes em vários indicadores ambientais. Há cerca de uma dúzia delas que afetam principalmente a qualidade do ar, a qualidade da água, os recursos e a saúde humana. Não existe, portanto, nenhuma embalagem cujo impacto ambiental seja nulo. Mesmo aquelas apresentadas em alto e bom som como mais adequadas do que outras, com base em uma ACV certificada por uma revisão crítica, têm impactos negativos no meio ambiente. Em muitos casos, à redução de um impacto não serve à causa de outro. Não existe uma maneira de agir simultaneamente para reduzir todos os impactos ambientais de uma embalagem, exceto não a produzir.

Ainda assim, ao contrário do que muitos detratores pensam e afirmam sobre os produtos embalados, a inexistência da embalagem pode ter muitos impactos negativos no meio ambiente, porque o produto não está mais protegido do risco de ser danificado ou mesmo desperdiçado. Numerosos estudos demonstram o papel essencial das embalagens na limitação do desperdício, especialmente o de alimentos e de todos os tipos de produtos manufaturados.

Portanto, o fato de a embalagem ser, em essência, uma ferramenta antidesperdício não justifica fazer alegações sobre a redução de seu impacto ambiental, tentando fazê-la parecer mais verde e obscurecendo seus limites. Deve-se ter a honestidade de mostrar suas forças e suas fraquezas, seus pontos positivos e seus pontos negativos, ou mesmo justificá-los de acordo com uma política clara e assumida de responsabilidade socioambiental (RSA).

## Os indicadores de impacto ambiental aplicáveis às embalagens

A avaliação de um impacto ambiental é quantificada por meio da medição de indicadores de fluxo e indicadores de impactos potenciais. Cada indicador tem uma consequência prejudicial ao planeta, a seus ecossistemas, à sua biodiversidade, à sua fauna e a quem se apresenta como seu mestre absoluto: o ser humano.

Para o *ar*, consideramos cinco indicadores:

- *contribuição para o efeito estufa*, que provoca o aquecimento global;
- *acidificação do ar*, que leva ao desaparecimento de certas espécies vegetais, à degradação dos solos afetados e a desequilíbrios ecológicos locais ou regionais;
- *formação de ozônio troposférico*, que causa problemas respiratórios;
- *diminuição da camada de ozônio*, que nos protege da radiação ultravioleta, o que resulta em câncer de pele e impacta os ecossistemas;
- *emissão de partículas/substâncias inorgânicas* que afetam as vias respiratórias.

Para a *água*, consideramos quatro indicadores:

- *eutrofização das águas doces*, que contribui para a proliferação de algas e, consequentemente, para a diminuição do oxigênio, o que leva à degradação da biodiversidade dos ambientes aquáticos e causa a morte de peixes;
- *ecotoxicidade aquática* causada pela múltipla poluição, que leva à mortalidade em massa de espécies, mas também tem efeitos menos visíveis e imediatos, como efeitos tóxicos mais ou menos prolongados e doenças ou problemas endócrinos;
- *eutrofização das águas marinhas*, que, tal como a da água doce, provoca disfunções dentro do ecossistema; a mais visível é a proliferação de algas verdes;
- *consumo de água* (indicador de fluxo), que leva gradualmente à exaustão dos "estoques" disponíveis.

Para os *recursos do solo e a saúde humana*, utilizamos os quatro indicadores a seguir:

- *consumo de energia primária* (indicador de fluxo), que, quando não é uma energia renovável, leva gradualmente ao esgotamento dos recursos para produzi-la;
- *esgotamento dos recursos minerais e fósseis não renováveis*, que inexoravelmente faltarão para as gerações futuras;
- *toxicidade humana*, que é geralmente causada pela absorção de substâncias presentes no produto;
- *utilização do solo* por diversas causas, o que conduz à perda de biodiversidade e de matéria orgânica, além de acelerar a erosão.

# A escolha das forças de sua embalagem assumindo suas fraquezas

A realização de uma ACV é uma etapa preliminar indispensável para conhecer os principais impactos do produto embalado visando reduzi-los e, em seguida, para comparar os impactos de várias opções de modificação possíveis. Esse processo também torna possível a comunicação posterior com base em dados confiáveis e justificáveis.

Isso não impede que a metodologia seja complexa e inacessível para a compreensão geral, em especial a dos consumidores. Além disso, os resultados devem ser interpretados e usados com muita cautela, pois estão sempre associados a hipóteses levantadas antecipadamente, dentro de um perímetro predefinido que geralmente representa apenas um cenário de uso bastante limitado. Portanto, nem todas as questões ambientais e de saúde são necessariamente estudadas, e os resultados referem-se apenas ao que foi considerado, com a possibilidade de fatores sensíveis serem encobertos. Por isso, quando ouço que uma ACV é a única maneira de comparar duas soluções de embalagem, eu respondo: "tudo depende do que comparamos e com que propósito o comparamos..." Pois, infelizmente, há de se constatar que, às vezes, é difícil ver claramente os resultados contraditórios da ACV divulgados por atores concorrentes que afirmam sua superioridade, cada um destacando alguns pontos específicos.

Se a ACV de um produto embalado varia em função da natureza exata daquilo que estudamos, é, no entanto, bastante fácil detectar com mais certeza os pontos fortes e fracos de uma embalagem no conjunto de sua cadeia de valor, composta por quatro grandes fases ligadas por etapas logísticas:

- Da produção ao acondicionamento.
- Da entrega no ponto de venda até a compra pelo consumidor.
- Do consumo de seu conteúdo até seu depósito em uma coletora de reciclagem.
- Da triagem à reutilização ou ao material reciclado.

A "roda da embalagem" que apresento detalhadamente e com instruções de uso em minha obra *Pourquoi et comment entrer dans la révolution* [*Por que e como entrar na revolução*] é uma ferramenta simples que permite identificar e analisar todas as características e funções técnicas da embalagem de um produto ao longo de seu ciclo de vida. Essa é uma maneira rápida e confiável de detectar forças e fraquezas. Essa ferramenta permite, ademais, comparar soluções de embalagem e destacar os riscos potenciais das transferências de impacto, o consumo de material das embalagens e os novos problemas que podem surgir durante outra fase do seu ciclo de vida.

Recomendo desenvolver a "roda da embalagem" assim que você considerar otimizar as embalagens existentes. Não fazer isso significaria querer consertar algo sem ter feito o menor diagnóstico prévio e, sobretudo, prescrever um remédio sem verificar se causa efeitos colaterais.

# A roda da embalagem: modo de usar

## A – Criação da roda da embalagem

O primeiro passo é listar ao redor da roda, em ordem de aparição no ciclo de vida, todas as características técnicas e funcionalidades de sua embalagem. O exemplo que ofereço é o de uma garrafa de leite. Sua roda lista cerca de quarenta pontos essenciais ao longo das diferentes fases de sua vida útil. Portanto, é desnecessário dizer que uma "roda da embalagem" pode variar em função de diferentes critérios essencialmente ligados às condições de produção do produto pré-embalado e do método de comercialização, além da natureza reutilizável ou não da embalagem. Por isso, a roda da embalagem de um produto pré-embalado de aparência idêntica a outro pode ser diferente de um local de produção a outro, caso o processo de fabricação, a logística ou o método de marketing não sejam análogos.

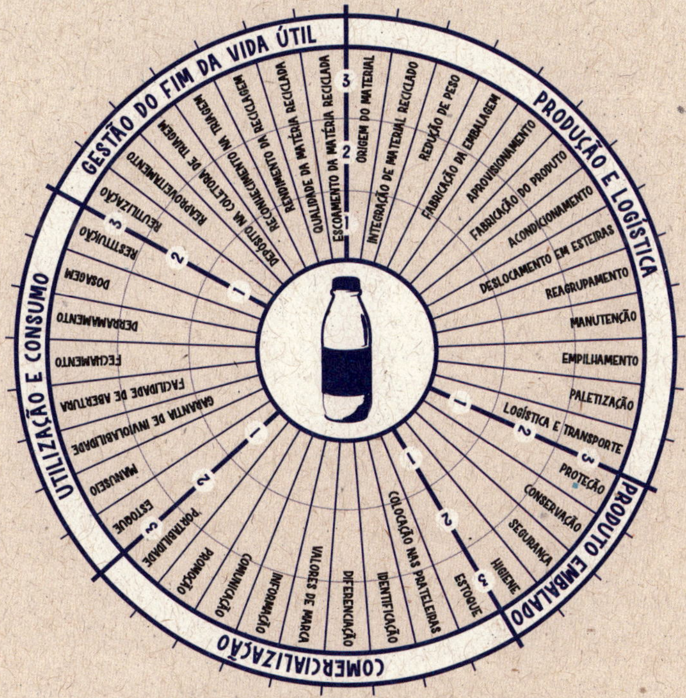

## B – Indícios das forças e fraquezas na "roda da embalagem"

O segundo passo consiste em visualizar a eficiência de todas as características técnicas e funcionalidades na roda da embalagem, dando uma cor para cada um dos segmentos correspondentes.

1. Geralmente, é com base em entrevistas com colaboradores de diferentes serviços da empresa que fabrica e comercializa o produto que se torna possível preencher a roda da embalagem. Cada uma dessas pessoas tem um ponto de vista sobre as embalagens em função de suas competências, seus objetivos profissionais e suas limitações específicas. Além disso, elas também são consumidoras, com experiência própria. Ao revisar com elas todos os itens da roda durante uma sessão de perguntas e respostas, coletamos uma riqueza de informações e de vocabulário repletos de ensinamentos.
2. A compilação e a análise de todas as respostas permitem avaliar como a embalagem cumpre sua missão para cada um dos pontos listados na roda da embalagem. Ela deve ser reproduzida de modo não tendencioso e tão efetivamente quanto possível.
3. Para visualizar os resultados das entrevistas na roda da embalagem, basta colorir cada segmento da roda com base em sua análise das respostas:
    - Verde, se a funcionalidade técnica for cumprida de acordo com três níveis: 1. moderadamente, 2. corretamente, 3. perfeitamente.
    - Laranja, quando o limite de funcionalidade é atingido de acordo com três níveis de risco: 1. provável, 2. alto, 3. muito alto.
    - Vermelho, se a funcionalidade técnica não for cumprida de acordo com três níveis: 1. parcialmente, 2. imperfeitamente, 3. em nada.

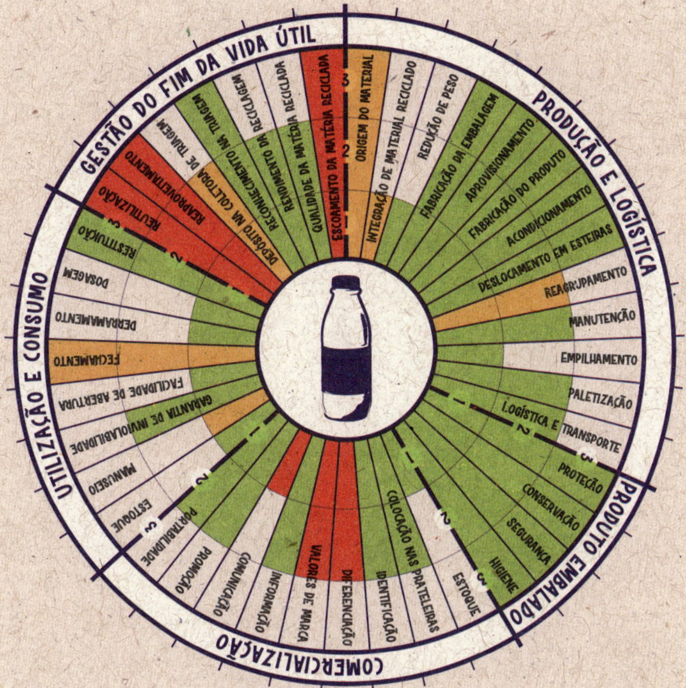


A partir desse esquema, você pode ter uma visão bem clara das forças e fraquezas de sua embalagem. Assim, é possível fazer um diagnóstico, enxergar os pontos de aprimoramento e verificar que tipos de impacto elas podem gerar em uma outra etapa do ciclo de vida.

Capítulo 5

# PAPÉIS E PAPELÕES

## PARA DIMINUIR O PLÁSTICO

As tendências das embalagens 100% celulose, bem como a da substituição do plástico, que apresentei na primeira parte deste livro, foram amplamente confirmadas e até mesmo, bem ou mal, se aceleraram. Assim, vemos se estabelecer a embalagem zero plástico que afirma ser 100% reciclável em diversos setores – quando isso é possível, tanto por razões de proteção de conteúdo como de viabilidade técnica da embalagem. No entanto, em muitas situações, até agora não é possível prescindir completamente do plástico, porque ele desempenha funções indispensáveis que os papéis e papelões ainda não podem garantir. Ainda assim, as embalagens compostas principalmente por papel e papelão ou polpa moldada associadas, em maior ou menor quantidade, ao plástico – como apresentei nas tendências de impermeabilização, embalagem flexível reciclável e plástico flexível para conter o produto em embalagens de papel ou celulose – também se desenvolvem muito rapidamente. No entanto, essas soluções levantam muitas perguntas, pois criam problemas que precisam ser resolvidos depressa.

# Embalagens de papel e papelão: de nove tendências a três eixos principais de experimentação

Na parte I desta obra, dedicada ao primeiro período da revolução das embalagens, apresentei a vocês nove grandes tendências de soluções emergentes para embalagens constituídas principalmente por papel e papelão:

- Tendência 1: 100% celulose, 100% reciclável.
- Tendência 2: substituição.
- Tendência 3: impermeabilização.
- Tendência 4: embalagem flexível reciclável.
- Tendência 5: bandeja de papel.
- Tendência 6: princípio da caixa cartonada sob várias formas.
- Tendência 7: plástico flexível para conter o produto em embalagens de papel ou celulose.
- Tendência 8: grande formato "bag in box".
- Tendência 9: suporte de papel-cartão.

A observação dos lançamentos em diferentes mercados usuários permite classificar agora com mais precisão os principais eixos de desenvolvimento que estão surgindo no final desse primeiro período da revolução. Por isso, não vou mais apresentar as tendências atuais, mas sim as vantagens e as desvantagens que cada uma das novas soluções oferece. Mesmo que algumas delas pareçam já ter sido definitivamente adotadas por seus fabricantes, as turbulências são tais que nada é plenamente fixo e que estamos de fato em um período de experimentação. Isso se dá em torno de três eixos principais:

- Embalagem de papel zero plástico.
- Embalagem de papel com menos plástico.
- Embalagem de papel com plástico separável.

# Embalagem de papel zero plástico

Seja por obrigação, pois a legislação assim exige, como no caso de frutas e legumes frescos embalados em lotes de peso inferior a 1,5 kg, ou por escolha deliberada, a embalagem zero plástico, constituída apenas por papelão, é adequada para diversas aplicações em muitos mercados.

Em alguns casos, a abordagem é remover a parte plástica existente em uma embalagem composta principalmente por papel e papelão, a fim de torná-la monomaterial e transformá-la em recurso reciclável sem acessórios ou outros materiais. Em outros casos, trata-se de uma substituição pura e simples do material: o papel ou o papelão substituem o plástico flexível ou rígido, oferecendo as mesmas funcionalidades. Por fim, nos últimos anos também surgiram novas soluções de embalagem 100% papel destinadas a, por exemplo, substituir filmes de agregação, mas também para responder urgentemente à obrigação de acabar com o plástico nas prateleiras de frutas e legumes. O que mostra, a propósito, considerando-se as soluções hoje presentes nas prateleiras, que, depois da frustração, a proibição despertou a imaginação e gerou inovação.

A embalagem zero plástico está sendo desenvolvida, testada e reafirmada em muitos mercados. Muitas vezes, coloca-se em questão a precisão do "zero", na medida em que pode haver plástico nas tintas e nos vernizes usados para decorar e proteger essas embalagens, assim como nas colas utilizadas para manter seu formato. As estratégias 3Rs, que datam de abril de 2022 e se baseiam nas diretrizes da diretiva SUP de 2019, são claras sobre esse assunto: corantes, tintas e adesivos estão excluídos do âmbito de aplicação do plástico.

Além disso, os agentes da revolução que desejam limitar ou mesmo interromper seu consumo de plástico estão recorrendo ao papel e ao papelão porque são recursos renováveis e facilmente recicláveis. Além disso, como demonstrado em numerosos estudos sobre a percepção das embalagens, papel e papelão desfrutam de uma imagem de mais respeito com o meio ambiente diante dos consumidores. A razão desse sucesso de crítica também se deve essencialmente à sua reciclabilidade, sobre a qual não existem dúvidas, o que não acontece com todos os materiais, exceto o vidro. Vale sublinhar que os consumidores não diferenciam os termos "reciclável" e "100% reciclável" escritos na embalagem porque, para eles, ou uma embalagem é reciclável ou não é. Além disso, este "100%" é muitas vezes considerado enganoso porque, na verdade, nem tudo na embalagem é reciclado, incluindo tintas, vernizes e cola, sem levar em consideração as perdas de material e o rendimento ligado ao processo de reciclagem industrial.

Dezessete embalagens de papel zero plástico:

- Barilla;
- Smarties;
- Savéol;
- Skip;
- Maggi;
- Whaou!;
- Lustucru;
- Tartines & Potager;
- U Nature;
- Signal;
- Yves Rocher;
- Rimmel;
- Sanex;
- The Green Emporium;
- Jordan;
- Bonduelle;
- Coca-Cola.

## A embalagem de papel zero plástico

## Barilla desiste sem arrependimentos de seu visor plástico

O experimento realizado pela Barilla na Inglaterra a partir de julho de 2020 foi conclusivo, por isso, agora é a vez do mercado francês e de outros países da Europa removerem o visor de plástico que permitia ver a massa contida na embalagem. Vale observar, a propósito, que a marca aproveitou para rever o design gráfico de suas embalagens. Os visuais fotográficos que representam a massa estão mais simples e visivelmente ampliados no invólucro azul.

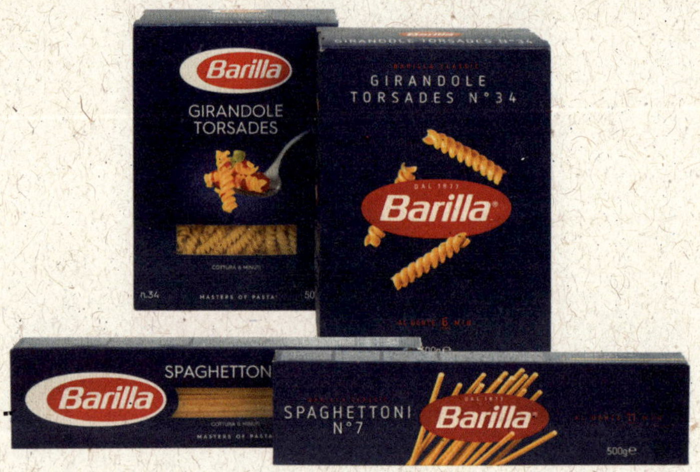

**PRÓS:** a Barilla renunciou ao visor plástico, que é um elemento que dificulta o processo de reciclagem de embalagens de papel e papelão. Obviamente, o conteúdo da embalagem não é mais visível para o consumidor, mas aparentemente, para muitos produtos, a reprodução de um belo visual é mais que suficiente. Assim, a embalagem composta 100% de papel permite economizar um material de embalagem não renovável, que reduz a eficiência do processo de reciclagem e gera resíduos não recicláveis.

**PONTO DE POSSÍVEL MELHORIA:** um estudo sobre pintura ecológica permitiria reduzir significativamente a quantidade de tinta utilizada para criar o visual gráfico. Isso não só economizaria tinta de impressão, constituída principalmente por recursos esgotáveis, como também melhoraria o desempenho da reciclagem do papelão, limitando o rejeito de borras de destintagem.

"Na Barilla, acreditamos que, como marca global, é nosso dever liderar pelo exemplo e fazer tudo o que estiver ao nosso alcance para desenvolver soluções mais sustentáveis. Sabemos que remover nosso visor é uma pequena atitude. No entanto, como dizemos, vamos mudar nosso mundo um pacote por vez, o que significa que devemos evoluir unindo muitas pequenas práticas sustentáveis e, às vezes, assumindo riscos como não mostrar mais o que há dentro do pacote. Assim, a expansão das nossas embalagens sem visores e 100% recicláveis em toda a Europa reduzirá o plástico desnecessário no mercado em aproximadamente 126 toneladas até o final de 2022."

**Alberto Costella**, gerente de marketing para mercados de exportação da Barilla.

## A embalagem de papel zero plástico

### Smarties abandona seu tubo plástico icônico em favor de um tubo hexagonal de papel cartonado

No início de 2021, a marca de confeitos Smarties, do grupo suíço Nestlé, modificou as embalagens de seus doces multicoloridos, adotando soluções em papel. Dois anos de testes e pesquisas foram necessários para desenvolver essas embalagens e garantir a conservação ideal dos confeitos durante o transporte e toda a fase de armazenamento. Essa escolha, estratégica para a marca, leva à eliminação de cerca de 250 milhões de embalagens plásticas vendidas todos os anos em todo o mundo. A Nestlé anuncia que outras marcas do grupo serão chamadas a seguir esse caminho.

**PRÓS:** a Smarties demonstra que embalagens feitas de papel couché ou cartonados provenientes de recursos sustentáveis com certificação FSC® ou PEFC®, dotados de revestimento funcional à base de água e rótulos também de papel, fornecem propriedades de barreira suficientes para acondicionar confeitos. Esse material também oferece uma superfície de comunicação ideal para informar e conscientizar consumidores jovens e idosos sobre as práticas de triagem. O resultado é integralmente reciclável, sem disruptores, na cadeia do papel.

"Com essas embalagens de papel damos mais um passo em nossa ambição de tornar todas as nossas embalagens recicláveis ou reutilizáveis até 2025 e reduzir o uso de plásticos virgens."
**Alexander von Maillot**, responsável pela divisão de doces do grupo Nestlé.

## A embalagem de papel zero plástico

### Savéol não espera pela proibição para apresentar seus tomates em embalagens sem plástico

Os horticultores da Savéol se anteciparam perfeitamente à proibição das embalagens de frutas e legumes em embalagens compostas total ou parcialmente por plástico. A marca se comprometeu com bastante antecedência a uma abordagem de abandono das embalagens plásticas, passando para as bandejas recicláveis em papel-cartão ou micro-ondulado. Para compensar a opacidade do papel, a marca propõe vários recortes originais nas tampas e laterais de suas bandejas, revelando, assim, o conteúdo. Além disso, essas embalagens de papel dobradas oferecem uma área de superfície muito grande para impressão, o que permite à marca comunicar os pontos fortes de seus produtos e da embalagem de acordo com os valores que defende.

**PRÓS:** a Savéol antecipou-se, o que lhe permitiu dedicar tempo não só à implementação de suas embalagens, mas também ao hábito dos consumidores com a mudança, além de estar totalmente pronta para o dia D da proibição total ou parcial de embalagens plásticas em seu setor. Assim, no dia 1º de janeiro de 2022, todas as bandejas da marca, confeccionadas 100% em monomaterial certificado como renovável FSC® misto, ou seja, proveniente de florestas certificadas e/ou fibras recicladas de origem controlada e reciclável, já estavam bem estabelecidas nas prateleiras de frutas e hortaliças.

"O design ecológico das embalagens sempre foi uma das nossas preocupações. Estamos melhorando constantemente nossas embalagens a fim de reduzir seu impacto ambiental, preservando sua finalidade principal: proteger nossas frutas e nossos legumes e torná-los mais atraentes para os consumidores. Há vários anos que os horticultores da Savéol comercializam uma gama de tomates cultivados sem pesticidas. Desde o início do projeto, pareceu-nos óbvio embalá-los em uma bandeja feita 100% de papel reciclável. Essas bandejas evoluíram muito nos últimos anos graças às nossas equipes e com a ajuda de nossos parceiros que estiveram fortemente mobilizados no projeto. Hoje estamos muito orgulhosos de nossas embalagens e de seu sucesso entre nossos consumidores."

**Pierre-Yves Jestin**, presidente da Savéol.

## A embalagem de papel zero plástico

### Skip substitui caixa plástica por caixa de papelão micro-ondulado com funcionalidades idênticas

É possível proporcionar as mesmas funcionalidades do plástico ou até aprimorá-las, bem como garantir a máxima proteção às crianças, sem ter de usá-lo. Feita de papelão micro-ondulado, esta nova caixa de cápsulas da Skip demonstra que a substituição do plástico das embalagens pode ser realizada sem sacrificar a facilidade de uso nem reduzir o nível de segurança exigido para evitar que crianças tenham acesso ao produto contido.

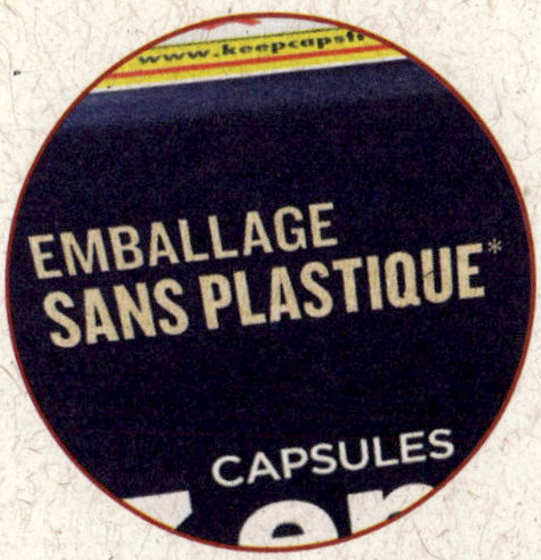

**PRÓS:** a Skip projetou uma caixa sem plástico feita 100% de folhas de papelão acoplado branco e kraft certificado como FSC® misto, sem plástico, exceto o verniz protetor e a cola. Essa embalagem oferece as mesmas funcionalidades e garantias de proteção e segurança que a caixa plástica que substitui. A marca afirma ainda que melhorou a facilidade de abertura da embalagem para adultos, com um sistema muito mais intuitivo. Além disso, a embalagem apresenta uma superfície de comunicação em todos os seus lados, o que não acontece em uma caixa plástica, que é apenas parcialmente rotulada. A marca anuncia que sua caixa de papelão totalmente reciclável permitirá poupar, apenas no mercado francês, mil toneladas de plástico por ano.

"Não se deve subestimar o nível de pesquisa, de desenvolvimento, de reformulação da fabricação e da cadeia de fornecimento necessário para reunir essas inovações em um único produto. A formulação, o formato e a embalagem revolucionários são o resultado do trabalho de diversas equipes de pesquisa e desenvolvimento (P&D), e não poderíamos estar mais orgulhosos do resultado. A nova geração de cápsulas Skip e sua embalagem estão realmente na vanguarda da indústria."

**Dr. Keith Rutherford**, responsável pela inovação global da Unilever Home Care P&D.

## A embalagem de papel zero plástico

### Maggi agora se reveste com 100% papel e papelão

A caixa dos caldos Kub® já era de papel, mas os cubos eram embalados individualmente em uma folha laminada multicamadas que continha alumínio. Desde setembro de 2020, esses produtos estão sendo embalados em papel couché com certificação FSC®. Dobrável, selável, mas, acima de tudo, com as propriedades de barreira necessárias para a proteção do produto. Mesmo sendo reciclável, esse pequeno elemento de embalagem que pode parecer irrelevante não o é, dados os volumes anuais que a marca coloca no mercado.

**PRÓS:** a Maggi está cuidando de sua embalagem primária para que fique alinhada com a secundária. Agora, ambas são feitas de um monomaterial renovável, com certificação da FSC® e reciclável. No entanto, o tamanho pequeno do invólucro de papel do cubo faz com que ele seja extremamente difícil de capturar durante a fase de triagem. É muito provável que esse material passe por entre as malhas da peneira rotativa (*trommel*) dos centros de triagem. Essa peneira de formato cilíndrico, que permite selecionar materiais de acordo com seu tamanho usando um sistema rotativo, geralmente deixa escapar os resíduos com formato inferior a 12 cm × 12 cm.

"O principal desafio que nossa equipe enfrentou foi criar um material flexível e selável que fosse resistente o bastante para fornecer uma barreira para manter o frescor e a segurança do produto e que, ao mesmo tempo, pudesse ser facilmente reciclável na cadeia do papel."
**Torsten Pohl**, diretor do Centro de Tecnologia de Produtos Alimentícios da Nestlé.

## A embalagem de papel zero plástico

### Whaou! adota um sachê de papel para reunir porções individuais

As panquecas Whaou! são embaladas individualmente em sacos plásticos para garantir sua perfeita conservação, graças a uma barreira adaptada. Assim, o sachê que as reúne não precisa garantir essas propriedades essenciais. Uma simples embalagem de papel, sem plástico, é perfeitamente adequada, portanto, para apresentar as sete unidades colocadas à venda.

**PRÓS:** a Whaou! escolheu um saco feito de papel com certificação PEFC® e impresso com tintas à base de água, isentas de solventes. Essa solução 100% papel, que não necessita de funcionalidades de barreira, é, portanto, totalmente reciclável.

**PONTO DE POSSÍVEL MELHORIA:** para aperfeiçoar a abordagem, será necessário substituir os sacos plásticos individuais por sacos feitos principalmente de papel. Isso certamente fortalecerá a coerência da abordagem da marca, que parece querer, acima de tudo, reduzir a quantidade de plástico que utiliza e transmitir uma mensagem mais clara ao consumidor.

"Graças a essa embalagem de papel, a marca evita a utilização de mais de 8 toneladas de plástico anualmente. Essa abordagem vem do desejo da marca de traduzir seus compromissos de responsabilidade social empresarial (RSE) em ações concretas para a preservação do meio ambiente. Consciente de seu impacto como usuária de plástico, a Whaou! está comprometida com um plano de desenvolvimento de embalagens que inclui objetivos de eliminação, substituição e otimização. Também estamos estudando ativamente quaisquer soluções ou novos materiais que possam substituir o plástico em nossas embalagens individuais, garantindo ao mesmo tempo a proteção ideal para nossos produtos."

**Virginie Pigache**, gerente de comunicação e de RSE da Goûters Magiques.

## A embalagem de papel zero plástico

### Lustucru retorna ao essencial com embalagem de papel

As massas Lustucru já eram embaladas em papel muito antes de a empresa adotar o plástico na segunda metade do século passado, assim como muitos agentes do mercado. Esta embalagem 100% de papel é, portanto, uma espécie de retorno ao essencial. Ela permite que a marca economize 40 toneladas de plástico por ano. Além disso, é muito menos consumidora de fibras de papel do que as caixas de papelão usadas em outros produtos.

**PRÓS:** a Lustucru escolheu um papel com certificação FSC® misto para fazer seu sachê 0% plástico. Essa embalagem é totalmente reciclável na cadeia do papel.

"Demoramos três anos para desenvolver, junto com nosso fornecedor, esse papel a partir de florestas com certificação FSC® que garante a conservação de nossas massas. Flexível e resistente, ele nos permite formar sachês sem um único grama de plástico. Isso também vale para nossa etiqueta de fechamento, que é feita de papel."

**Guillaume Walme**, diretor de compras/suprimentos da Lustucru.

## A embalagem de papel zero plástico

### Tartines & Potager propõe a compostagem de seu sachê de papel

A linha de vegetais secos, sementes e arroz da Tartines & Potager é embalada em sacos de papel kraft. A marca, que há muito tempo se declara comprometida com uma abordagem de sustentabilidade ambiental e responsabilidade ecológica, escreve em letras grandes na frente da embalagem que ela é compostável, especificando no verso, de acordo com os regulamentos: "Estas embalagens não devem ser descartadas na natureza". Essa alegação é, no mínimo, surpreendente. Também podemos ler no verso: "Embalagem de papel reciclável originada de fibras de celulose". Essas informações diferentes sobre o fim da vida útil da embalagem de papel revelam as dúvidas de algumas pessoas comprometidas com a proteção ambiental quanto à realidade da eficiência ecológica da reciclagem. As opiniões divergem sobre o assunto, especialmente porque a compostagem é frequentemente percebida pelo público em geral como uma solução mais adequada, por parecer mais natural compostar em vez de reciclar. O debate permanece em aberto.

**PRÓS:** a Tartines & Potager usa um saco de papel kraft sem plástico para embalar seus produtos secos. Essa escolha de embalagem parece consistente com o compromisso ambiental da marca. Ao declarar que sua embalagem é compostável, a marca incentiva alguns dos seus consumidores a descartá-la junto com os resíduos orgânicos. No entanto, se for colocada na lixeira de coleta seletiva, a embalagem será reciclada sem o menor problema com papel.

**PONTO DE POSSÍVEL MELHORIA:** pareceria mais justo indicar na frente da embalagem que ela também é reciclável. E talvez dar mais explicações sobre o interesse em fazer sua compostagem em vez de reciclá-la, ajudando o consumidor a enxergar as coisas com mais clareza.

## A embalagem de papel zero plástico

### U Nature embala seus produtos de papel em papel

Depois de decidir substituir o filme de polietileno (PE) por papel para agrupar seus rolos de papel higiênico ou papel-toalha, a U Nature preocupa-se com a embalagem individual de seus lenços de bolso. A embalagem de agregação é decorada com um visual que representa o produto contido. A abordagem é corajosa porque nesses mercados a transparência das embalagens reina a fim de permitir que o consumidor julgue visualmente a textura, a maciez, a suavidade, a brancura e a opacidade do produto; assim, a escolha do papel para a embalagem pode parecer uma ideia absurda e um obstáculo à compra. No entanto, o compromisso ambiental da marca e o cumprimento de seus objetivos de drástica redução no uso de plástico, que a própria empresa definiu, prevaleceu sobre o dogma do famoso código de mercado e das ditas preferências dos consumidores. A marca, no entanto, especifica que levou algum tempo para avaliar esse risco ao fazer um teste com seus clientes a fim de se prevenir contra uma queda acentuada nas vendas. Os invólucros dos lenços, por sua vez, são produzidos em um complexo translúcido 88% composto por fibras de papel. Por isso, revelam seu conteúdo. A embalagem de agregação ainda é de plástico, feita com 50% de material reciclado. Trata-se de uma embalagem de transição porque a marca também quer adotar rapidamente o papel nesse caso.

**PRÓS:** a U Nature escolheu um papel com certificação FSC® misto para reunir seus rolos de papel higiênico e papel-toalha. Essas embalagens, feitas a partir de recursos renováveis, são, é claro, integralmente recicláveis. Para os saquinhos de lenços descartáveis, usa um complexo de papel e plástico – composto, em grande parte, por fibras renováveis – que também deverá ser substituído por papel no final de 2022. A marca se engajou em um processo de melhoria contínua que, para esses três produtos, já permite poupar 12 toneladas de plástico por ano.

**PONTO DE MELHORIA NECESSÁRIO:** a marca produziu suas embalagens bem antes da promulgação dos regulamentos relativos às reivindicações ambientais. A expressão "embalagem responsável" agora é proibida, e vale observar que a U Nature está em processo de substituí-la em todas as embalagens em questão pelas palavras "compromisso responsável". Na verdade, o termo "responsável" só pode se referir a uma empresa, e não a um objeto. O decreto 2022-748, de 29 de abril de 2022, do código ambiental francês é claro sobre esse tema: "É proibido constar em um produto ou embalagem novos para o consumidor as palavras 'biodegradável', 'amigo do meio ambiente' ou qualquer outra afirmação ambiental equivalente". Portanto, a proibição àquela expressão globalizante nas embalagens entrou em vigor em 1º de maio 2022. No entanto, o artigo R. 541-223 do código ambiental francês especifica: "Os produtos ou embalagens se beneficiam de um período de escoamento dos estoques até 1º de janeiro de 2023, desde que fabricados ou importados antes da data de publicação deste decreto".

"Somos a primeira marca distribuidora a oferecer essas embalagens! Um papel FSC® (selo que garante um papel proveniente de florestas bem administradas) para embalagens que envolvem folhas de papel higiênico é um princípio que logo se estenderá a outras linhas. Em breve será o caso de nossas fraldas. É a inovação levada pela Système U a seus banheiros e objetos cotidianos! Assim, cerca de 9 toneladas de plástico serão poupadas por ano. Cada vez menos plástico ou plástico reciclado: é isso que os consumidores nos pedem, é disso que o nosso planeta precisa, é isso que tentamos oferecer na U. Estamos avançando!"

**Dominique Schelcher**, presidente da Système U.

## A embalagem de papel zero plástico

### Signal opta por blister de papel reciclado para parecer ainda mais natural

Os blisters feitos 100% em papel com uma imagem do conteúdo não são novidade. Eles já são usados em muitos setores, como papelaria, produtos de higiene, de cosméticos e alguns pequenos produtos eletrônicos. No entanto, no caso das escovas de dente, o invólucro de plástico duplo selado a quente que contém um papel impresso ou um invólucro simples colado a um papel impresso revelando o conteúdo por meio de transparência continua a ser o padrão. Com esse blister de papel, apresentado como mais ecologicamente responsável, a Signal talvez abra a porta para uma possível transição para toda a sua linha de produtos.

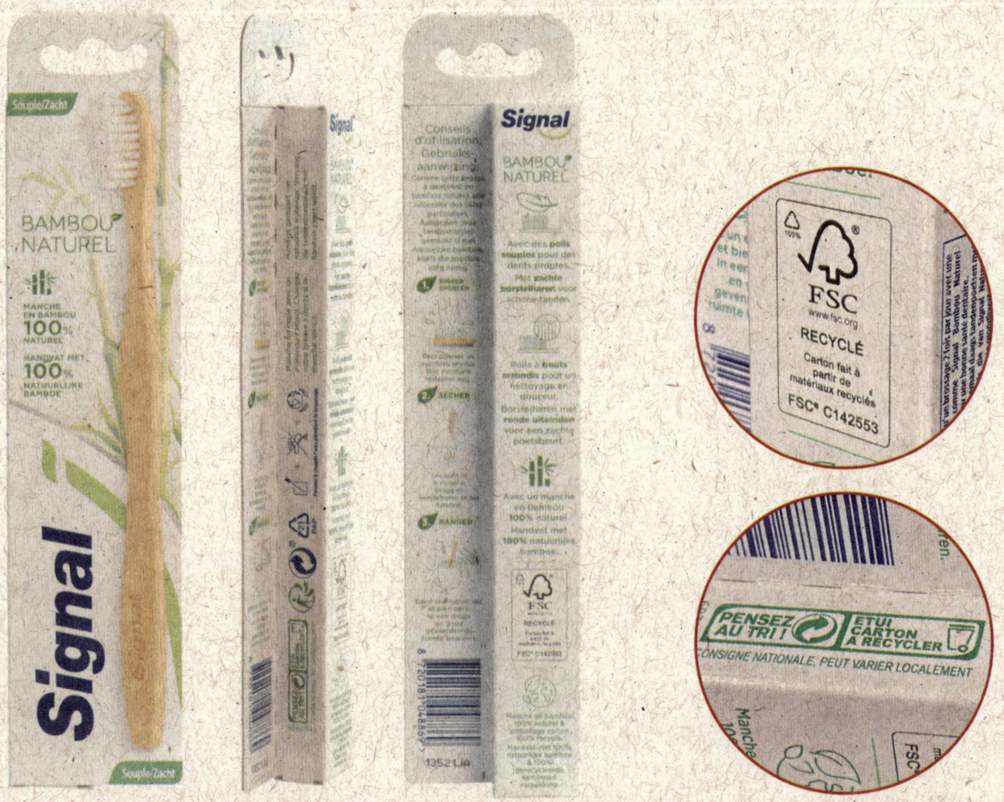


**PRÓS:** a Signal está experimentando blisters feitos de papel 100% reciclado com certificação FSC®, com uma imagem da escova que contêm. Assim, a embalagem se torna totalmente reciclável, o que ainda não acontece com todos os blisters de papel/plástico do restante de sua linha de produtos.

## A embalagem de papel zero plástico

### Yves Rocher cria estojo de maquiagem em papel

O novo estojo da base em pó da Yves Rocher é produzido de papel proveniente de florestas administradas de forma sustentável. Ao propor essa solução para substituir materiais plásticos e ao renunciar ao espelho dentro do estojo, a marca anuncia ter economizado 54 toneladas de plástico em sua linha de bases para maquiagem em 2021.

**PRÓS:** a Yves Rocher demonstra que é possível fazer estojos de maquiagem perfeitamente funcionais e de qualidade utilizando papel obtido de recursos com certificação FSC®. Graças a esse novo estojo, reciclável ao fim de sua vida útil, são poupadas 50 toneladas de plástico por ano, desde os primeiros lançamentos.

"Para este lançamento, nosso principal desafio foi reduzir o impacto ambiental e potencializar a reciclabilidade de nossas embalagens de maquiagem. Para isso, desenvolvemos, em uma primeira fase, um novo estojo de papelão para substituir o plástico. Com design inovador, ele nos permite eliminar os ímãs normalmente utilizados nesse tipo de embalagem. Também fizemos a escolha de ir além, removendo o espelho."

**Jean-David Schwartz**, diretor geral da marca Yves Rocher.

## A embalagem de papel zero plástico

### Rimmel retrabalha as embalagens de seus produtos de maquiagem para reduzir sua pegada ecológica

Os blisters geralmente usados para produtos de maquiagem com distribuição em larga escala são compostos por um invólucro de plástico termoformado que se ajusta ao formato do produto e é colado em uma folha de papelão. Essas embalagens geram muitos resíduos não recicláveis. No fim de 2021, para apresentar sua linha Kind & Free, a Rimmel substituiu essa embalagem secundária, composta em parte por plástico, por um invólucro de papel com visor para expor seu conteúdo. A mudança para essa solução poupará 5 toneladas de plástico. Uma lingueta permite que os produtos sejam pendurados em hastes. Esse elemento também pode ser removido para exibição nas prateleiras. A embalagem se adapta, assim, às restrições das lojas.

**PRÓS:** a Rimmel, uma marca do grupo Coty, protege suas embalagens primárias de maquiagem com invólucros de papelão fabricados na Europa com resíduos de polpa de cana-de-açúcar, com selos FSC® e OK Compost. Os invólucros são impressos com tinta à base de água e sem solventes. Essa iniciativa permitirá à marca poupar 5 toneladas de plástico no primeiro ano. O objetivo da Coty é que todos os novos lançamentos da marca adotem o novo invólucro. Paralelamente, o grupo trabalha na embalagem primária de produtos, com o objetivo de reduzir seu peso e usar mais material reciclado.

"A beleza sustentável é uma necessidade para o planeta e uma expectativa dos nossos consumidores: nossas ambições estão em sintonia com esses desafios, da produção à comercialização, mantendo nossa excelência na sensorialidade de nossas embalagens e na eficácia de nossas fórmulas. Com essa iniciativa única em embalagens secundárias de papel de grande distribuição, Bourjois e Rimmel são as primeiras marcas da Coty France a promover os valores do design ecológico do grupo."

**Mathieu Dufresne**, gerente geral da Coty France.

## A embalagem de papel zero plástico

### Sanex experimenta bastão desodorante em embalagem de papel

O mercado de desodorantes em barra se desenvolveu com embalagens plásticas sofisticadas equipadas com um mecanismo helicoidal para fazer a barra subir e descer. Essas embalagens são muito práticas, mas utilizam matéria plástica que não se recicla. Há alguns anos, por iniciativa de pequenas marcas comprometidas, vimos surgir cada vez mais soluções de papel nas prateleiras. É interessante constatar que uma grande marca como a Sanex está, por sua vez, experimentando essa solução. A tecnologia utilizada é a do tubo espiral de papel. O rolo cilíndrico contido em seu interior se move para cima e para baixo com a simples pressão de um dedo sobre uma base removível.

**PRÓS:** a Sanex utiliza papel com certificação FSC® misto para fabricar o seu desodorante 0% plástico resistente à gordura, à umidade e ao produto da barra derretido. Essa embalagem, que é uma variação de caixas redondas e cilíndricas de papel usadas para muitos produtos alimentícios, é reciclável na cadeia do papel. As novas diretivas de triagem que se tornam obrigatórias permitirão que ela seja reciclada mesmo sendo descartada no lixo doméstico.

## A embalagem de papel zero plástico

### The Green Emporium reduz o máximo possível a embalagem de seu desodorante

Este desodorante em barra é produzido com um mínimo de material de embalagem e ainda assim é perfeitamente funcional. Sua barra fica em um dispensador feito de folhas simples de papel dobradas e coladas, é muito fácil de usar e oferece a mesma função de uma barra de plástico mais sofisticada. Esse novo desodorante em barra, muito sóbrio em seus métodos e materiais, confirma que, em termos de embalagem, é sempre possível fazer a mesma coisa com menos.

**PRÓS:** The Green Emporium reduziu ao máximo o uso de papel para produzir sua embalagem, cujas funcionalidades de proteção de conteúdo e utilização são completamente satisfatórias. Obviamente, esta embalagem é reciclável no setor do papel.

## A embalagem de papel zero plástico

### Jordan usa material reciclado para produzir suas escovas de dentes e embalagens

O conceito da linha de produtos Green Clean baseia-se na reciclagem: os cabos das escovas são produzidos em plástico 100% reciclado, proveniente de embalagens de alimentos, como potes de iogurte, e a embalagem é produzida em polpa moldada obtida de papel e papelão reciclados. Com essa proposta, a Jordan Green Clean combina funcionalidade, design e materiais reciclados e prova que é possível desenvolver produtos de qualidade e que respeitam o meio ambiente, dando nova vida aos resíduos de embalagens.

**PRÓS:** a Jordan usa principalmente fibras de papel reciclado para produzir suas embalagens em polpa moldada bastante semelhante à utilizada na fabricação de caixas de ovos. O rótulo branco, que traz uma fotografia da escova e cuja função também é garantir o fechamento e a inviolabilidade do invólucro da escova, é fabricado a partir de papel autocolante. Todas as embalagens são recicláveis, junto com papéis.

## A embalagem de papel zero plástico

### Bonduelle substitui gradualmente o filme plástico de agregação por embalagem de papel-cartão

Desde novembro de 2020, a Bonduelle substituiu os filmes plásticos de polietileno (PE) para agregação por embalagens de papel-cartão feito com 50% de material reciclado pós-consumo, para agrupar packs de duas e três unidades de latas. Embora esses filmes plásticos representem uma quantidade muito pequena do peso dos materiais de embalagem adquiridos pela marca, essa mudança permite à Bonduelle respeitar seu compromisso com a redução do plástico fóssil e aprimorar a reciclagem de suas embalagens.

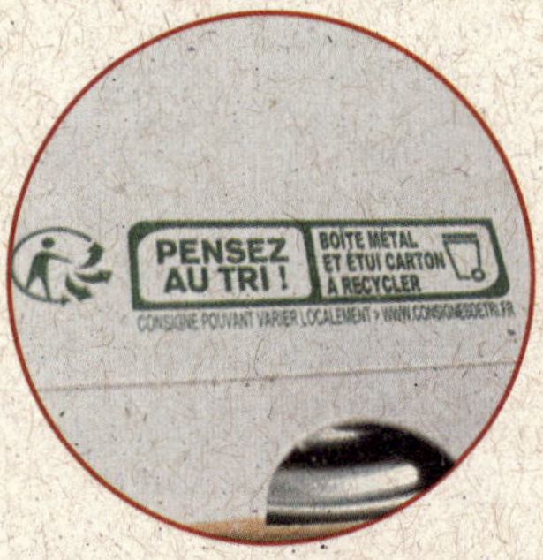

**PRÓS:** a Bonduelle utiliza papelão FSC® misto para embalar seus packs de latas e garante, assim, a reciclabilidade de todas as suas embalagens, primárias e secundárias, exceto os rótulos. Estes não são recuperados no processo de reciclagem de latas de aço.

**PONTO DE POSSÍVEL MELHORIA:** o rótulo de papel nas latas constitui um recurso, por definição, reciclável, mas infelizmente não o é. Por causa da quantidade de latas colocadas no mercado mundial, um dia teremos de nos interessar por esse assunto a fim de resolvê-lo.

"O grupo Bonduelle está empenhado em garantir que, até 2025, 100% de suas embalagens sejam recicláveis ou reaproveitáveis. Com nosso "envoltório ecológico", eliminamos 170 toneladas de plástico na Europa. O papel-cartão reciclável utilizado provém de fonte responsável com certificação FSC® misto, incorporando 50% de fibras recicladas pós-consumo. O design nos permitiu economizar 30% em papel em comparação com um envoltório clássico e reduzir a tinta para impressão de papelão em 20% seguindo uma abordagem de tinta ecológica."

**Karine Taeckens**, diretora de marketing/digital, inovação e qualidade da Bonduelle Europe Long Life.

## A embalagem de papel zero plástico

### Coca-Cola substitui gradualmente o plástico da embalagem de seus lotes por papel-cartão

Desde abril de 2021, as embalagens de seis latas das marcas da Coca-Cola França vêm evoluindo: além de as latas terem passado para o formato sleek de 330 mL, mais leve, o invólucro plástico foi substituído por um sistema de agregação em papel-cartão multipack denominado KeelClip™, cuja fibra de papel tem certificação FSC®. Essa nova embalagem minimalista de papel-cartão permite ao grupo economizar quase 900 toneladas de plástico por ano. Para lotes maiores, de nove a dezoito latas, a escolha recaiu sobre as caixas de papel-cartão. Assim, a partir de agora, o conjunto de latas e papel dos lotes da marca são totalmente recicláveis.

**PRÓS:** a Coca-Cola utiliza papel com certificação FSC® misto para embalar seus packs de latas e garante, assim, a reciclabilidade de todas as suas embalagens, primárias e secundárias.

"Os filmes plásticos para agregação de lotes de produtos são comumente utilizados no consumo de massa por sua praticidade industrial. Por seu baixo percentual de reciclagem e porque são muitas vezes considerados pelos consumidores como resíduos não recicláveis, decidimos eliminá-los, substituindo-os por agregadores de papel-cartão para lotes de 6 unidades ou caixas de papel-cartão para lotes de 9, 12, 15 e 18 unidades. Resultado: 900 toneladas de plástico de difícil reciclagem retiradas do mercado, melhor percepção dos consumidores, abordagem de longo prazo para reduzir a pegada plástica.

Muita pesquisa e desenvolvimento foram necessários para chegar ao sistema patenteado de agregação com papel para lotes de 6 unidades, a fim de atingir os mesmos padrões de qualidade dos filmes plásticos ao longo de toda a cadeia logística (linha de produção, armazenamento em paletes, transporte, acondicionamento em prateleiras, conveniência para os consumidores). Foram necessários investimentos pesados em termos de novas máquinas, adaptação de linhas industriais e treinamento de equipes nas fábricas."

**Arnaud Rolland**, diretor de RSE da Coca-Cola Europacific Partners.

# Embalagem de papel com menos plástico

Já não encontramos mais sachês, potes e bandejas nas prateleiras dos supermercados que se apresentem como feitos de papel ou papelão e, simultaneamente, anunciem incorporar de 60% a 95% menos plástico. Na verdade, se há menos plástico, é porque ainda há plástico. Isso, aliás, não deixa de provocar reações de muitos observadores de embalagens, especialistas ou simples consumidores nas redes sociais, especialmente quando se associa essa redução à menção "100% reciclável".

Muitas marcas de diferentes setores oferecem agora produtos acondicionados em embalagens feitas principalmente de papel com plástico por meio de um procedimento de revestimento, laminação ou aplicação de película. As estruturas dessas embalagens multicamadas são diversas e variadas, tanto pela parcela de papel, quanto por aquela, ainda que mínima, de plástico. A proporção de papel é definida de acordo com as necessidades de desempenho da embalagem, conforme a maior ou menor flexibilidade que se deseja. A natureza de um ou mais polímeros complexos e sua quantidade é sempre definida em função da necessidade de proteção do conteúdo do recipiente, especialmente se precisar ser exposto à umidade. Ainda que a maior parte do plástico utilizado esteja dentro da embalagem para garantir a impermeabilização, a propriedade de barreira e a vedação térmica, também encontramos, muitas vezes, uma quantidade significativa de plástico na superfície exterior, para proteger a embalagem de agressões externas. Essas embalagens com menos plástico são, portanto, majoritariamente constituídas por uma folha de papel ou papelão prensada entre dois ou mais filmes plásticos, dependendo dos requisitos de proteção e da composição desses filmes.

Todas essas soluções com menos plástico, que não são de forma alguma um reaproveitamento, enquadram-se na categoria de embalagens plásticas descartáveis. Os textos regulatórios e as orientações da Comissão Europeia definem a embalagem plástica descartável da seguinte maneira: "Embalagem feita total ou parcialmente de plástico e que não seja concebida, criada ou colocada no mercado para realizar, durante a sua vida, várias viagens ou rotações com a devolução ao produtor para serem novamente preenchidas, ou que não foi concebida, criada ou colocada no mercado para reaproveitamento em uso idêntico àquele para o qual foi projetada".

Salvo algumas exceções, aparentemente ainda não está em questão o fato de que os fabricantes que colocam essas soluções no mercado realizem imediatamente uma substituição massiva de suas embalagens plásticas, mas, sim, que lancem algumas opções desse tipo de embalagem. Existem vários motivos para essa dedução: seu preço é significativamente superior ao das soluções 100% plástico que eles usam massivamente; a atual impossibilidade de abandonar os formatos padronizados oferecidos pelos fornecedores; o sentimento justificado de que essas soluções são transitórias porque ainda não atendem ao objetivo final da lei Agec de alcançar o fim da comercialização de embalagens plásticas descartáveis até 2040.

Enfim, sem esperar por 2040, mesmo que a grande maioria dessas novas embalagens entrem na cadeia de reciclagem de papel e papelão, visto que são compostas por mais de 50% de fibra, elas ainda estão sujeitas a uma polêmica recorrente em torno de sua reciclagem real. A cota de plástico que é separada da fibra de papel no despolpador das recicladoras de papelão muito raramente é reciclada, sendo principalmente incinerada ou aterrada. Vale recordar também que na Alemanha o percentual admitido para embalagens consideradas recicláveis na cadeia do papel é de 95%, e na Bélgica, de 85%. Não é impossível que a taxa aceita na França seja significativamente elevada para que corresponda à de nossos vizinhos europeus. A revisão da diretiva de embalagens, atualmente em elaboração em Bruxelas, pode desalinhar tudo.

Além disso, apesar de terem menos plástico, essas embalagens feitas de papel, embora sejam certamente um recurso renovável, são mais pesadas do que a maior parte de seus correlatos plásticos, e suas emissões de $CO_2$ são negativamente impactadas. No entanto, parece que esse tipo de embalagem tem grandes perspectivas de redução de peso e melhorias futuras, especialmente em termos de soluções que substituam o plástico para garantir as propriedades de barreira, mas vale relembrar aqui que as embalagens monomateriais continuam a ser o Santo Graal do design ecológico.

Catorze embalagens de papel com plástico:

- Ariel;
- Le Petit Marchand de Glaces;
- Mentos;
- Banania;
- Krema;
- Les Crudettes;
- Good Goût;
- Daco Bello;
- Danone;
- Paysan Breton;
- Biocoop;
- Sojasun;
- Fleury Michon;
- La Roche-Posay.

## Embalagem de papel com menos plástico

### Ariel inventa uma caixa de papelão micro-ondulado segura para crianças

A caixa plástica foi essencial para o lançamento dos sabões líquidos para roupas por motivo de segurança. Desde que foram colocadas no mercado, as marcas lembram aos pais para mantê-las longe das crianças, que poderiam confundi-las com guloseimas ou brinquedos, o que naturalmente as encorajaria a colocá-las na boca. Para minimizar os riscos, as marcas optam pelo plástico, que permite equipar as tampas das caixas com um sofisticado sistema de abertura segura para crianças. Hoje, a Ariel demonstra que é possível fazer a mesma coisa com papelão micro-ondulado e uma leve camada de plástico para garantir melhor proteção das cápsulas.

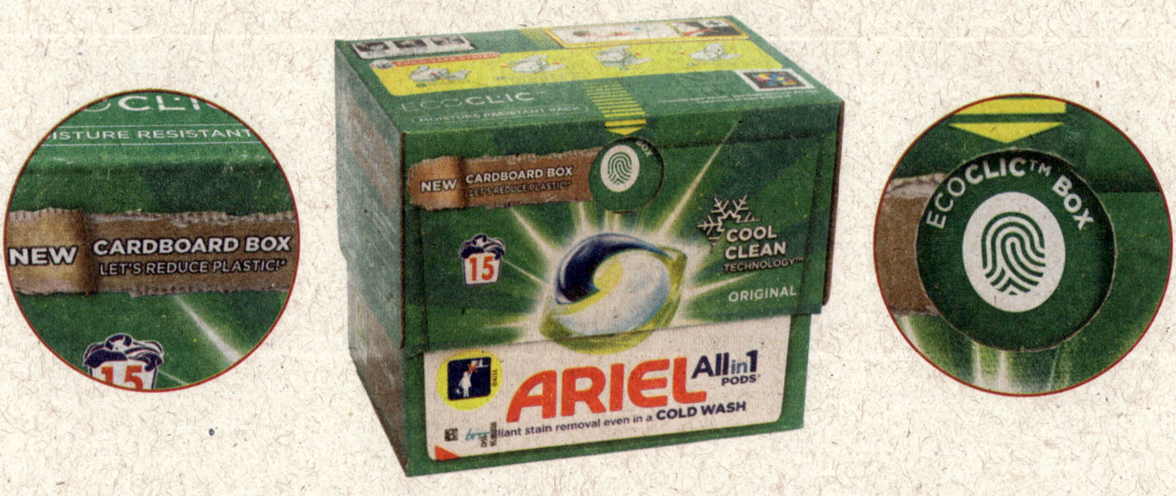


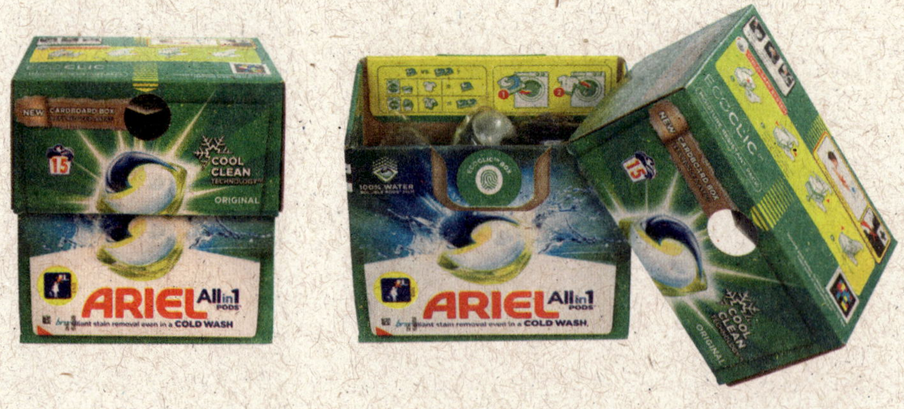

**PRÓS:** a Ariel usa papelão micro-ondulado de recursos com certificação FSC® misto. O interior da caixa é revestido com verniz para melhor proteger os Pods® da umidade. A segurança das crianças é assegurada por um dispositivo 100% papelão micro-ondulado denominado Ecoclic®. Assim, o conjunto é todo reciclável, com exceção de sua baixíssima quantidade de plástico, na cadeia do papel. Essa característica é lembrada ao usuário graças a uma etiqueta que ele descobre no fundo da caixa quando ela é esvaziada de seu conteúdo.

"A Ariel está lançando sua nova caixa Ecoclic® em substituição às embalagens de PP, o que ajuda a evitar a utilização de 6,5 mil toneladas de plástico por ano na Europa. Além do uso de 70% de fibras recicladas e da certificação FSC® para as fibras virgens, a inovação dessa embalagem é também garantir a segurança do produto com esse clique que indica que a caixa está bem fechada, sendo mais inclusivo para pessoas com deficiência visual ou que sofrem de osteoartrite, distúrbios cognitivos, etc. A embalagem também utiliza a tecnologia NaviLens e uma marcação em relevo para fornecer informações sobre o produto, seu uso ou mesmo a reciclagem da embalagem junto com papéis. Essa nova embalagem levou quatro anos para ser desenvolvida e mais de 2,5 mil consumidores estiveram envolvidos nas fases de teste."

**Guillaume Lebert**, diretor de P&D para o desenvolvimento sustentável em lavanderia da Procter & Gamble na Europa.

## Embalagem de papel com menos plástico

### Le Petit Marchand de Glaces coloca suas receitas em caixas de papelão

Os agentes do mercado de sobremesas congeladas continuam sua revolução substituindo gradualmente suas embalagens plásticas por soluções desenvolvidas principalmente em papel. É o caso da marca Le Petit Marchand de Glaces, distribuída pela Picard, que agora utiliza uma bandeja de papel-cartão revestido com uma fina camada de 15 g/m² de polietileno (PE) para garantir a impermeabilização. Essa embalagem, com tampa articulada, é produzida a partir de uma folha única de papel 290 g/m², dobrada e colada. Assim, composta por mais de 95% de elementos fibrosos e parcimoniosa na implementação, essa embalagem garante as mesmas funções de proteção e utilização de um recipiente de plástico.

**PRÓS:** a Le Petit Marchand de Glaces produz sua bandeja com uma folha de papel-cartão revestida com pouca quantidade de plástico. Composto por 95% de fibras e 5% de plástico, esse pote pode integrar o fluxo de triagem e reciclagem de embalagens de papel na maioria dos países europeus. Ao fazer essa escolha, a marca Picard, que comercializa esses produtos, afirma reduzir o uso de plástico em 16,5 toneladas por ano.

"Nossa principal motivação é encontrar alternativas às embalagens plásticas que sejam facilmente mecanizáveis em nossas embaladoras e garantam todas as funcionalidades de embalagens plásticas equivalentes, quando o produto e o ambiente permitem isso. Temos agora uma solução inovadora em papel-cartão, o que permite encontrar harmonia em toda a linha Le Petit Marchand de Glaces".

**Gilles Lapique**, gerente de projetos de embalagens da Picard.

## Embalagem de papel com menos plástico

### Mentos adota caixa composta principalmente por papel

As caixas plásticas XXL de gomas de mascar foram desenvolvidas para todas as marcas. A Mentos, líder francesa nesse segmento de mercado, substituiu sua caixa de plástico por uma embalagem 90% de papel cujas funcionalidades não deixam nada a desejar. Essa abordagem faz parte de uma estratégia para reduzir drasticamente o uso de plástico na Perfetti Van Melle, proprietária da marca.

**PRÓS:** a Mentos escolheu a caixa Boardio®, composta principalmente por 90% de fibras de papel com 10% de plástico, para constituir a barreira de proteção de oitenta gomas de mascar contidas na embalagem. A AR Packaging, fabricante da embalagem, diz que ela produz um menor impacto ambiental do que os potes de plástico que são entregues vazios ao fabricante. Essa embalagem reduz em até 95% o volume de mercadorias que entram no embalador, simplesmente por serem entregues em formato plano. Desse modo, as emissões de $CO_2$ e os custos de transporte por caminhão, como também todos os custos associados ao manuseio e armazenamento, são reduzidos. Além disso, essas embalagens são recicláveis, à exceção dos 10% de plástico, na cadeia do papel.

"O novo frasco de papel Mentos Pure Fresh é um passo apaixonante de nosso compromisso com a responsabilidade ambiental. Vamos monitorar cuidadosamente a resposta do consumidor para ajudar a orientar a inovação contínua em matéria de embalagens e para atingir nossos objetivos em matéria de plásticos."

**Andrew Boyd**, diretor de sustentabilidade da Perfetti Van Melle.

## Embalagem de papel com menos plástico

### Banania aposta em caixa de papel reciclável

Fiel à sua estratégia de longa data de redução das embalagens plásticas, a marca Banania apresenta agora seu chocolate em pó em uma caixa feita principalmente de papel. Essa escolha garante as mesmas funcionalidades das embalagens plásticas tradicionais e vem equipada com uma tampa que pode ser fechada entre um uso e outro.

**PRÓS:** a Banania escolheu a caixa Boardio®, composta por 90% de fibras de papel e 10% de material plástico, para constituir a barreira adaptada à proteção do cacau em pó que contém. A maior quantidade de papelão em comparação com o plástico torna a embalagem um resíduo parcialmente reciclável na cadeia do papel.

**PONTO DE POSSÍVEL MELHORIA:** a menção "100% reciclável" é incorreta porque pode levar a pensar que 100% do que constitui a embalagem é reciclado, o que não é o caso. Durante o processo de reciclagem, a parte plástica das embalagens é um resíduo que não é nada ou é muito pouco reciclado. Além disso, em 2023, o governo francês quis regulamentar a boa informação ao consumidor por meio de um decreto (2022-748, de 29 de abril de 2022) sobre as qualidades e características ambientais dos produtos que geram resíduos. Esse decreto define a reciclabilidade das embalagens como a capacidade eficaz de reciclar resíduos de produtos idênticos ou similares, estabelecendo cinco critérios que devem ser respeitados e duas possíveis afirmações: embalagem majoritariamente reciclável, se o material reciclado (produzido pelos processos de reciclagem implementados) representar mais de 50% da massa de resíduos coletados; ou totalmente recicláveis, se atingir pelo menos 95% dessa massa. Seria, portanto, apropriado rever a afirmação "100% reciclável".

"Fomos pioneiros na redução de embalagens com o lançamento de um formato de sachê dosador em 2011 que permitiu reduzir em quase 70% a utilização de plástico em comparação às caixas da concorrência. Hoje, seguimos em frente com a primeira caixa abre-e-fecha de papel reciclável."

**Catherine Hostein-Spillemaeker**, CEO da Nutrimaine Banania Benco.

## Embalagem de papel com menos plástico

# Krema planeja a transformação gradual de todos os seus pacotes em recicláveis

Em setembro de 2021, a marca de doces Krema lançou duas novas variedades acondicionadas em pacotes recicláveis constituídos principalmente por papel. A marca se arriscou a abandonar o plástico que mostrava o conteúdo dos pacotes. Agora, uma imagem serve como apelo visual. A Carambar & Co, proprietária da marca, anunciou que todos os seus pacotes serão recicláveis até 2025. A transição já parece estar bem encaminhada, uma vez que a linha Krema Bio acaba de adotar esse tipo de embalagem. Essas novas embalagens, que ainda contêm uma porção significativa de plástico para melhor conservação da textura e do sabor das guloseimas, são certamente consideradas como produzidas com papel para reciclagem. No entanto, aos olhos da regulamentação das embalagens, elas continuam sendo consideradas plásticas.

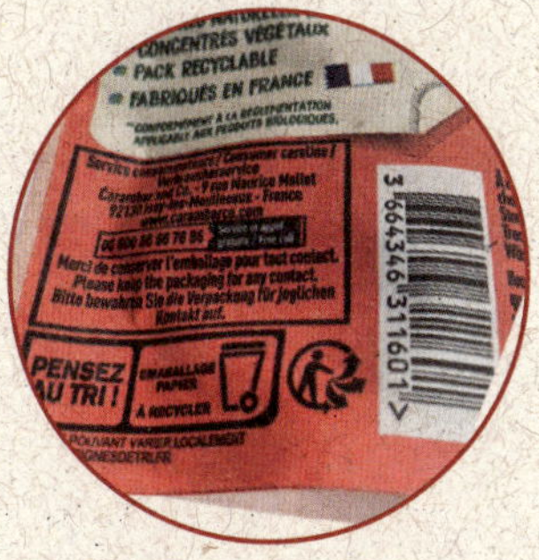


**PRÓS:** a Krema utilizou 62% de fibra de papel para fazer seus primeiros pacotes. A nova geração de sachês para sua linha orgânica aumentou esse percentual para 75%. Em ambos os casos, isso faz com que sejam embalagens parcialmente recicláveis.

**PONTO DE POSSÍVEL MELHORIA:** essas embalagens parcialmente recicláveis geram resíduos plásticos nos despolpadores das recicladoras de papel. Por enquanto, o principal resultado que apresentam é a valorização energética. A Krema terá que trabalhar duro com seus fornecedores para diminuir muito mais a proporção de plástico em seus pacotes e manter as propriedades de barreira. A transição para menos plástico ainda está só começando.

"A Krema, marca de doces francesa que completa cem anos em 2023, reinventou-se nos últimos dois anos; primeiro, com uma receita sem gelatina e com sabores e cores 100% naturais. O passo seguinte foi a substituição dos pacotes de polipropileno (OPP) por pacotes de papel e PP 75% recicláveis. O desafio desse projeto, que exigiu dezoito meses de P&D, foi encontrar a solução técnica que combinasse reciclabilidade, resistência, conservação das qualidades organolépticas e equação econômica aceitável. Essa nova Krema exemplifica nossa forte determinação em evoluir o mais rápido possível em direção à reciclabilidade, desafiando, cada vez mais e sempre que possível, os materiais complexos. As inovações ou renovações da linha de produtos existentes deverão vir à luz muito em breve na confeitaria e na chocolateria."

**Thierry Gaillard**, CEO da Carambar & Co.

## Embalagem de papel com menos plástico

## Les Crudettes se vê forçada a voltar à transparência

O pacote constituído por 95% de papel não permitia a visualização das folhas de salada que continha. O consumidor, embora esperando menos plástico, não compreendeu. Ele quer ver o conteúdo do pacote para se certificar do frescor do produto. A Les Crudettes, que em nome da redução do plástico sacrificou a visibilidade do conteúdo, se viu obrigada a revisar suas embalagens, dessa vez combinando papel e transparência. Composto por 60% de papel kraft, este novo pacote possui um grande visor transparente na frente. A embalagem ainda é reciclável na cadeia do papel francesa, mas produz 40% dos resíduos plásticos sujos para os despolpadores das recicladoras.

**PRÓS:** a Les Crudettes enfrentou as contradições de seus consumidores. Eles querem embalagens mais adequadas, mas nem todos estão preparados para mudar seus hábitos de compra. Com este novo pacote produzido com 60% papel kraft e 40% plástico para garantir a visão do conteúdo, a marca está certamente dando um passo para trás em sua abordagem à redução do plástico, mas não desistiu. Ela reconhece, no entanto, que levará algum tempo para abandoná-lo completamente. A menos que uma lei o proíba, como no caso de frutas e vegetais não processados.

"Cultivamos o espírito de empreendedorismo e da inovação. Ele desenvolve nossa agilidade e nosso desejo de seguir em frente. 'Tentar sempre, falhar às vezes, recomeçar na maior parte delas': isso faz parte dessa dinâmica positiva que acaba sempre por nos fazer crescer, olhando para o bem comum e vivenciando-o juntos."

**Emmanuel Vasseneix**, presidente da LSDH.

## Embalagem de papel com menos plástico

### Good Goût se encarrega da parcela plástica remanescente em seu pacote de papel

O novo pacote Good Goût Baby, com fecho zip de plástico, é constituído principalmente por papel, o que representa um resíduo das embalagens, recicláveis na cadeia do papel. A Good Goût, aliás, o classifica como pacote reciclável, e não embalagem de papel, como não hesitam em fazer tantas outras marcas que usam complexos de papel e plástico. As instruções de triagem indicam claramente que se trata de um pacote de plástico e papel.

**PRÓS:** a Good Goût optou por essa solução para reduzir a quantidade de plástico utilizado e para garantir que a maioria de suas embalagens seja reciclada. Aliás, a marca não tem outra escolha senão usar uma pequena quantidade de plástico complexado junto com o suporte predominante de papel para fornecer a barreira essencial ao conteúdo. Além disso, o fecho zip da embalagem também é feito de plástico. Trata-se, portanto, de uma alternativa sem qualquer ambiguidade de uma embalagem plástica descartável assumida pela marca.

"Desde sua criação, em 2010, a Good Goût tem se comprometido com uma abordagem ativista que visa devolver o sabor aos pratos de nossas crianças, dando a elas, ao mesmo tempo, um planeta mais verde. Como jovens pais, ficamos surpresos com a grande quantidade de embalagens gerada quando temos em casa um serzinho a mais a ser alimentado. Ao se tornar uma empresa missionária, com certificação B Corp, a Good Goût incluiu em seus estatutos um objetivo específico: ter 100% de suas embalagens recicláveis até 2024. Para isso, todas as nossas equipes confiam na abordagem 5Rs para melhorar o impacto ambiental dos produtos Good Goût."

**July Mendel**, diretora de marketing da H&H France.

## Embalagem de papel com menos plástico

### Daco Bello mostra conteúdo de seu pacote graças ao plástico

As sementes torradas são um daqueles produtos que os consumidores desejam ver antes de comprar. Para permitir a visualização do conteúdo de seu sachê, a Daco Bello utiliza a técnica de calandragem de um fino filme plástico e uma folha de papel com recorte para criar áreas de transparência. Como o papel é predominante na composição do pacote, este é reciclável. Apesar disso, continua sendo uma embalagem plástica descartável que, em longo prazo, terá de evoluir ainda mais.

**PRÓS:** a Daco Bello utiliza papel com certificação FSC® misto calandrado com plástico. Como a parte de papel que compõe o sachê é mais pesada que o plástico, a embalagem é parcialmente reciclável na cadeia do papel.

**PONTO DE POSSÍVEL MELHORIA:** um dia teremos de nos libertar do visor e utilizar uma imagem fotográfica. Isso permitirá, sem dúvida, reduzir ainda mais a porcentagem de plástico na embalagem. Ou, dependendo das tecnologias que chegarem ao mercado, dispensá-lo totalmente.

"Escolhemos esse tipo de embalagem para ter uma melhor participação na evolução das práticas de consumo e contar com o entusiasmo forte e comprometido de nossos consumidores para melhor nos destacarmos da concorrência. Pensar de forma verde e sustentável é essencial hoje para demonstrar dinamismo e escuta ativa, dois grandes critérios que orientam o consumidor na escolha de sua marca do cotidiano. Além disso, por serem ecológicas, recicláveis e duráveis, as nossas embalagens de papel pretendem também garantir a qualidade de nossos produtos. Optamos por torná-la geral em todas as nossas linhas de frutas secas até 2024-25."

**Michel Abitbol**, presidente da Daco France.

## Embalagem de papel com menos plástico

### Danone testa com sucesso o pote reciclável com mais papel

Em março de 2021, o produto lácteo Skyr era oferecido exclusivamente em um único dispensador, um pote feito principalmente de papel, fechado por lacre de alumínio coberto por uma tampa também de papel. Hoje, como sinal da sua aceitação pelos consumidores, encontramos esse pote nas prateleiras de muitas das principais marcas de varejo.

**PRÓS:** a Danone utiliza papel calandrado com 20% de plástico para que seu pote de 480 g garanta as propriedades de barreira essenciais à proteção e conservação de sua especialidade láctea. A maior quantidade de papel em comparação ao plástico presente na embalagem faz dela um resíduo parcialmente reciclável na cadeia do papel. Além disso, se for bem destacado da embalagem, o lacre de alumínio também é reciclável.

**PONTO DE POSSÍVEL MELHORIA:** reduzir significativamente a proporção de plástico ou mesmo eliminá-lo completamente são, como vimos no exemplo anterior, os próximos passos.

"O investimento em uma nova linha de embalagens para potes pré-formados adotado em 2020 na fábrica de Ferrières-en-Bray nos permite oferecer potes com 80% de papel e 20% de PE como alternativa aos potes plásticos pré-formados (PS, PP). Desde o início de 2021, o lançamento do formato 480 g teve grande sucesso. Atualmente, existem mais de dez opções em diferentes marcas (Danone, Les 2 Vaches, Light&Free, Hipro, Oikos) oferecidas na França, na Bélgica e nos Países Baixos. Essa alternativa é, obviamente, apenas o começo e há projetos em curso para reduzir a proporção de plástico nesses potes de papel e, por que não, para criar um pote sem plástico."

**Xavier Martineau**, diretor de P&I do centro de embalamento da Danone na França.

## Embalagem de papel com menos plástico

### Paysan Breton continua sua evolução com potes feitos predominantemente em papel e recicláveis

Desde abril de 2021, a Paysan Breton aposta na entrada no mercado da manteiga cremosa em pote de papel reciclável. Esta embalagem composta por 76% de papel garante os mesmos requisitos de conservação, sem reduzir o prazo de validade mínimo, que uma manteigueira 100% plástica. Essa não é a primeira conquista da marca na área, já que seu queijo batido Madame Loïk é acondicionado desse modo há muito tempo. De acordo com a empresa Laïta, que comercializa estes produtos, a evolução para o papel reciclável ajuda a reduzir o impacto do recipiente nas mudanças climáticas em 33%.

**PRÓS:** a Paysan Breton utiliza 76% de papel com certificação FSC® misto calandrado com plástico para garantir as propriedades de barreira essenciais para a proteção e preservação de sua manteiga. Apesar dos 24% de plástico que ainda compõem a embalagem, ela permite à marca reduzir o uso de plástico em comparação com soluções tradicionais no mercado. Considerando a participação majoritária do papel que o compõe, o pote é parcialmente reciclável na cadeia do papel.

**PONTO DE POSSÍVEL MELHORIA:** esperamos, para a continuidade dessas soluções de embalagem, que as novas tecnologias do futuro permitam reduzir significativamente a participação do plástico ou até mesmo eliminá-la por completo.

"Queremos oferecer ao consumidor um produto de qualidade, tanto pela embalagem como por seu conteúdo, a um preço unitário acessível. Temos orgulho em apresentar esta nova manteiga cremosa em embalagens exclusivas no mercado. Tal como os nossos consumidores, estamos empenhados em reduzir o percentual de plástico em nossas embalagens e oferecer uma manteiga de qualidade que atenda às expectativas das famílias."

**Marie-Paule Pouliquen**, diretora de marketing e desenvolvimento de marca da Laïta.

## Embalagem de papel com menos plástico

### Biocoop renuncia à tampa de seu pote produzido predominantemente com papel

O melhor resíduo, mesmo que seja reciclável, é aquele que não é produzido. A Biocoop, há muito comprometida com a eliminação de embalagens desnecessárias, decidiu dispensar a tampa para fechar o pote de iogurte entre um uso e outro. O lacre de alumínio, se não for completamente arrancado do pote, pode garantir essa funcionalidade de uso.

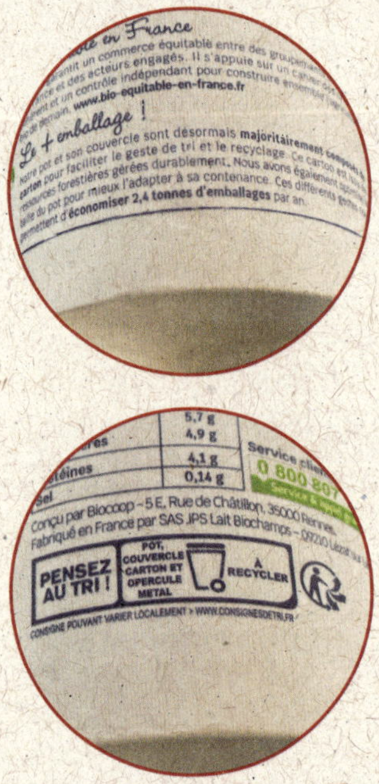


**PRÓS:** a Biocoop utiliza papel proveniente de recursos florestais geridos de maneira sustentável, calandrado com plástico para garantir as propriedades de barreira essenciais para a proteção e conservação do iogurte fermentado. Comprometida com um processo contínuo de redução na fonte, a marca decidiu dispensar a tampa, o que permite economizar 2,4 toneladas de embalagens por ano. A quantidade predominante do papel em comparação ao plástico que compõe a embalagem a torna um resíduo parcialmente reciclável no setor papel. Além disso, se for bem destacado da embalagem, o lacre de alumínio também é reciclável.

"Único ou múltiplo, o uso responsável das embalagens é necessário. Trabalhamos, portanto, diariamente com nossos parceiros para limitar o impacto ambiental associado à utilização de embalagens. Usar recursos renováveis sustentáveis, concebendo e produzindo melhor com menos, evitando na embalagem qualquer elemento inadequado, reutilizar as embalagens e seus materiais e garantir o uso mais seguro possível são os temas escolhidos pela Biocoop para melhorar as embalagens."

**Hélène Person**, gerente de marca e inovação da Biocoop.

## Embalagem de papel com menos plástico

### Sojasun reduz consumo de plástico e papelão com nova bandeja

Desde abril de 2022, a Sojasun substituiu a caixa que continha uma bandeja mais leve de plástico por uma bandeja constituída de papel e plástico. Essa escolha permitiu à marca reduzir seu consumo de plástico em mais de 45% e de papel em 30%, mantendo os recursos e uma bela superfície de comunicação. Trata-se, portanto, de uma abordagem de concepção ecológica cujo objetivo principal é a redução na origem, preservando a reciclabilidade de parte da embalagem.

**PRÓS:** a Sojasun utiliza uma bandeja de papel dobrada e colada, na qual é aplicada uma fina película plástica que protege o conteúdo, oferece as propriedades de barreira necessárias, com vedação térmica do lacre, e, ao mesmo tempo, facilita a abertura. A maior quantidade de papel que compõe a embalagem, em comparação com a do plástico, torna-a um resíduo parcialmente reciclável na cadeia do papel. A parte plástica permanece como um resíduo não reciclado da embalagem.

"A Sojasun é uma marca comprometida e responsável, tanto com os seres humanos (com perfil nutricional elaborado de Nutri-Score A ou B, sem sabores artificiais) quanto com o planeta! O design ecológico das embalagens é, portanto, um tema essencial para reduzir nosso consumo de plástico e avançar para soluções mais sustentáveis. A bandeja de papel que usamos desde abril de 2022 em nossa linha de alimentos prontos à base de plantas nos permite reduzir 45% de consumo de plástico, proporcionando transparência ao produto e manutenção das propriedades protetoras ao produto (microbiologia/frescor). Aproveitamos para ajustar os tamanhos das embalagens de nossa linha e, assim, reduzir a pegada de carbono associada ao seu transporte. Tudo isso permite à Sojasun contribuir plenamente ao propósito da Olga: ser fonte de vida para as pessoas e para o planeta."

**Olivier Clanchin**, CEO da Olga.

## Embalagem de papel com menos plástico

### Fleury Michon utiliza bandeja com predomínio de papel em algumas opções de sua linha

Muitos agentes do setor de delicatéssen de autoatendimento, principalmente a Fleury Michon, por sua oferta de produtos orgânicos, estão gradualmente migrando para bandejas constituídas majoritariamente por papel, a fim de declará-las recicláveis. Essas bandejas contêm de 60% a 70% menos plástico do que as bandejas plásticas disponíveis nas prateleiras. No entanto, elas são um pouco mais pesadas e seu desempenho durante a reciclagem ainda precisa ser otimizado para reduzir os resíduos do processo. Daí a importância de separar a tampa da bandeja antes de jogá-la fora, conforme indicado nas instruções de triagem.

**PRÓS:** a Fleury Michon utiliza uma folha de papel laminada com plástico que possibilita a impermeabilização da bandeja e permite que a tampa seja lacrada a quente, ao mesmo tempo que facilita a abertura e garante a segurança sanitária do produto. A maior quantidade de papel em comparação à do plástico que compõe a embalagem permite integrá-las à cadeia de reciclagem do papel.

**PONTO DE POSSÍVEL MELHORIA:** a Fleury Michon deve continuar reduzindo ao máximo a quantidade de plástico que limita a eficiência da reciclagem da bandeja para, assim, reduzir os resíduos nas despolpadoras das máquinas de reciclagem.

"Limitar nossa pegada ambiental, em particular reduzindo o impacto ecológico das embalagens, está no centro da estratégia de RSE da Fleury Michon. Com nossa embalagem de papel, atuamos na etapa do ciclo de vida de produção das matérias-primas com 60% menos plástico nas embalagens. Essa embalagem de papel foi colocada no mercado em 2010 e continuamos a aprimorá-la porque estamos sempre comprometidos com um processo de progresso contínuo."

**Stéphane Merlet**, engenheiro de embalagens da Fleury Michon.

## Embalagem de papel com menos plástico

### La Roche-Posay reduz a quantidade de plástico de sua bisnaga de tratamento e melhora seu perfil ambiental

A primeira bisnaga de tratamento fabricada pela La Roche-Posay de papel e plástico permitiu uma redução de 45% na quantidade de plástico utilizada em comparação com a bisnaga-padrão da marca, em plástico laminado ou extrudado. No entanto, apesar de um impacto ambiental mais favorável, a embalagem ainda não era reciclável porque o aplicador e a tampa de plástico, bem como o filme de barreira, representavam mais de 50% de seu peso total. Ao remover a dupla clássica de aplicador e tampa e agregar esses dois elementos graças a uma fina cápsula de aplicação em polietileno de alta densidade (PEAD), presa diretamente à bisnaga, a redução de peso do sistema de fechamento é de pouco mais de 80%. Isso resulta em uma redução de 55% no peso total da embalagem-padrão. Desse modo, para essa bisnaga composta majoritariamente por papel (e aqui se trata totalmente de papel com certificação FSC® misto), essa redução drástica na quantidade de plástico permite que a embalagem ultrapasse a ambiciosa barreira de apresentar 50% de fibras em sua composição. Portanto, a bisnaga está pronta para ser integrada às cadeias de coleta e reciclagem organizadas para esse fim.

**PRÓS:** a La Roche-Posay demonstra que as soluções com menos plástico que estão sendo experimentadas ainda deixam muita margem para melhorias e para a redução de plástico no futuro. No entanto, em muitos casos, isso requer a revisão do modelo.

"A busca pelo melhor material de embalagem, associado ao peso ideal (redução) que permite um perfil ambiental otimizado por múltiplos critérios, a qualidade almejada e uma rica experiência do consumidor orientam as ações de design ecológico e de economia circular do Grupo L'Oréal. Portanto, elas naturalmente acompanharam o desenvolvimento dessa bisnaga inovadora com a nossa parceira Albéa (especialista em plásticos para embalagens de cosméticos), com o aprimoramento do desempenho a cada etapa, seguindo um roteiro preciso e ambicioso desde o início do projeto."

**Philippe Bonningue**, vice-presidente global de gestão de embalagens e economia circular da L'Oréal.

# Embalagem de papel com plástico separável

É, sem dúvida, nas soluções híbridas que encontramos as embalagens mais inovadoras. Os fabricantes que as adotam demonstram altos percentuais de redução de plástico em comparação com as embalagens 100% plásticas que substituem. A maior parte delas é composta principalmente por uma estrutura de papel ou polpa moldada que contém um recipiente plástico ultraleve e separável. Essas embalagens também provocam fortes reações. Surgem questionamentos, sobretudo em torno da reciclagem de sua parcela de plástico. No entanto, estamos apenas na fase inicial desse tipo de embalagem que, aparentemente, tem diante de si um imenso campo de possibilidades de otimização.

Se existem novas soluções de embalagem em experimentação por parte dos fabricantes, são essas. O motivo é simples: a maior parte dessas embalagens ainda não existia no início da revolução.

No caso das bandejas de alimentos, agora diferentes soluções estão disponíveis e começam a ser adotadas por muitos fabricantes.

Distinguem-se duas famílias principais de bandejas com plástico separável:

- A primeira tem estrutura principalmente em papel dobrado e contém uma bandeja de plástico ultraleve, muito fina e até flexível, feita em polipropileno (PP) de origem fóssil ou vegetal ou de polietileno tereftalato (PET). Essas bandejas são coladas ao papel com um adesivo de baixa aderência ou sustentadas por um sistema de montagem de recorte do papel. O objetivo é poder separar facilmente as duas partes após a utilização, quer por intervenção improvável do consumidor, quer no processo de processamento de resíduos de embalagens, de modo que ao menos o papel seja reciclado sem gerar resíduos no hidrapulper, ou despolpador. Quanto à parte plástica, a reciclagem dependerá, obviamente, da capacidade dos centros de triagem para coletá-la e, sobretudo, da cadeia de reciclagem, quando existente, de reciclá-la de fato.
- A segunda família de bandejas é feita de diferentes tipos de estruturas: papelão dobrado ou moldado e polpa moldada. O interior é revestido com filme plástico, principalmente polipropileno (PP) ou polietileno (PE), cujo poder de adesão é muito baixo. Assim, essa parte plástica deve ser separada do suporte em papel pelo consumidor facilmente quando ele a puxa antes de jogar tudo na coletora de triagem. Aqui, mais uma vez, isso não é garantido. De qualquer modo, se essa operação preliminar não for concluída, no momento da reciclagem das embalagens no hidrapulper, a separação seria facilitada. Contudo, com total imparcialidade, essa segunda família de embalagens não é fundamentalmente diferente daquela com menos plástico constituída de papel. Na verdade, trata-se apenas de um composto papelão-plástico mais facilmente separável, para o qual há, infelizmente, pouca chance de que a parte plástica seja realmente reciclada.

Quanto à chamada paper bottle (garrafa de papel), se respeitarmos a definição regulatória de embalagem plástica descartável literalmente, notamos que o nome é questionável, visto que ela ainda contém muito plástico. Ela também apresenta vários tipos, que são diferenciados pela estrutura principal (o corpo, composto por papel cortado, dobrado e colado, com uma ou até várias peças de polpa moldada) e pela natureza do recipiente de plástico que contêm para acondicionar o líquido. Também nesse caso são propostas várias soluções:

- Saco flexível de polietileno de alta densidade (PEAD) ou outros polímeros complexos, de acordo com as necessidades de proteção e conservação do produto.
- Garrafa ultraleve feita de polietileno tereftalato (PET) ou polietileno furanoato (PEF).

Tal como acontece com as bandejas híbridas, o fim da vida útil dessas novas embalagens levanta questões e traz problemas que devem ser resolvidos. Em primeiro lugar, no que diz respeito à separação do recurso fibroso do plástico. Trata-se, de fato, de um gesto novo que não é fácil de executar pelo consumidor que realiza a triagem. Assim, recairá sobre os centros de triagem ou reciclagem a tarefa de fazê-lo, por exemplo, por compressão, já que as capacidades técnicas para fazer essa separação ainda não existem. Além disso, de todo modo, será necessário avaliar a pertinência da efetiva reciclagem dos elementos das embalagens plásticas ultraleves, especificamente aquelas feitas de polietileno tereftalato (PET).

Ademais, tal como as embalagens de papel com plástico, dado o seu recente surgimento, as embalagens com plástico separáveis ainda são mais pesadas que as embalagens 100% plásticas que têm capacidade e funcionalidade equivalentes. Elas também necessitam de mais energia para a produção, a qual emitirá mais gases de efeito estufa (GEE). No entanto, as pesquisas evoluem, tanto em termos de redução como de substituição do plástico. Ainda podemos sonhar com bandejas e paper bottles em monomaterial leve. Estamos apenas no princípio da história.

Onze embalagens de papel com plástico separável:

- Le Petit Baroudeur;
- Les Secrets de Léontine;
- Avallen;
- Carlsberg;
- Lenor;
- Spa Reine;
- La Roche-Posay;
- Nature de France;
- Daunat;
- Biocoop;
- Mix Buffet.

## Embalagem de papel com plástico separável

### Le Petit Baroudeur reinventa a garrafa de polpa moldada que contém saco plástico, produzida na França

Tudo começou com a ideia de ter uma garrafa de vinho ultraleve para colocar na mochila antes de fazer uma caminhada. Resultado: a Le Petit Baroudeur cria a sua própria garrafa de papel, que batiza de Bio'teille. O conceito não é novo, mas fabricá-la localmente é novidade na França.

**PRÓS:** a Le Petit Baroudeur escolheu o princípio das paper bottles de primeira geração desenvolvidas nos Estados Unidos para sua Bio'teille. Essa garrafa de 750 mL é composta por uma concha dupla, em polpa moldada proveniente de papel e papelão reciclado, que contém um saco de polietileno (PE) flexível composto com filme de copolímero de etileno-álcool vinílico (EVOH). Seu peso se divide da seguinte maneira: 52 g para a parte fibrosa e 17 g para a parte plástica, ou seja, o saco flexível e a tampa. Com peso total de 69 g, oito a dez vezes mais leve do que uma garrafa de vidro, mas comparável ou até mais pesada do que uma garrafa de plástico, em suma, é bastante opulenta. Os benefícios ambientais dessa solução são, no entanto, interessantes, especialmente durante as fases de transporte das embalagens e dos produtos acabados. Por fim, as duas partes da celulose, assim como os sacos plásticos dessa embalagem, serão recicláveis desde que separados pelos consumidores antes de colocá-los na coletora de triagem. As instruções de triagem no rótulo posterior da garrafa são claras e a embalagem é pré-cortada; é preciso apenas pressioná-la e a concha se abre e se separa muito facilmente. Basta que o consumidor concorde em participar do jogo.

"Em uma abordagem qualitativa do 'menos, mas melhor', procuramos produzir uma garrafa de vinho com baixo impacto ambiental, prática e reciclável que revoluciona os aperitivos ao ar livre! E quem sabe, no futuro, para ambientes internos."

**Marin Belorgey e Victor Roux**, cofundadores da start-up Le Petit Baroudeur.

## Embalagem de papel com plástico separável

### Les Secrets de Léontine revela uma garrafa feita de polpa moldada e plástico

Esta solução de embalagem já existe há vários anos nos Estados Unidos, mas ainda não tinha atravessado o Atlântico para acondicionar um produto francês. Quem fez isso foi a Les Secrets de Léontine. Esta embalagem, que podemos descrever como uma paper bottle de primeira geração, é constituída por duas conchas rígidas em polpa moldada de qualidade-padrão que contêm um saco leve de polietileno de alta densidade (PEAD). O conjunto é unido por um rótulo autoadesivo em formato de cinta.

**PRÓS:** a Les Secrets de Léontine escolheu uma solução desenvolvida pela empresa estadunidense Ecologic. Segundo o fabricante, esse frasco de 480 mL, composto por 32 g de polpa moldada e 19 g de plástico, além da bomba, reduz a quantidade de plástico utilizada em 60% se comparado a uma garrafa de plástico rígido padrão. Quanto à reciclagem, as duas partes de celulose da embalagem e o saco plástico são de fato recicláveis, desde que separados pelo consumidor antes de serem colocados no recipiente de coleta seletiva. As instruções de triagem no rótulo, na parte posterior do frasco, são muito claras a esse respeito. A marca também propõe outras soluções para o fim da vida útil de suas conchas em celulose: compostagem ou reutilização.

**PONTO DE POSSÍVEL MELHORIA:** as conchas produzidas a partir de celulose reciclada com o rótulo de papel com certificação FSC®, acrescidos do saco e da tampa plástica, representam uma embalagem que pesa, ao todo, 55 g. Para todos os efeitos, é mais pesada que a maioria de seus equivalentes volumétricos de plástico. Será necessário reduzir seu peso. Para isso, é preciso produzir embalagens com muito menos plástico e muito menos fibras, de modo que se obtenha uma solução que ao menos não exceda o peso das embalagens plásticas padrão.

"Na Les Secrets de Léontine, a embalagem dos nossos produtos é feita com o mínimo de plástico possível! Nossa garrafa com design ecológico permite-nos agora reduzir a participação do plástico em 60%, sendo nosso objetivo chegar a zero plástico no longo prazo. Nossa solução consiste em um simples saco flexível de polipropileno de espessura mínima, que é encapsulado entre duas conchas rígidas feitas de celulose reciclada. Esse saco garante impermeabilização para nossas fórmulas líquidas, ao passo que as conchas proporcionam proteção, estabilidade e praticidade na utilização do conjunto. A composição de nosso frasco é obtida a partir de materiais reciclados, buscando uma utilização razoável dos recursos naturais. A embalagem é reciclável, e as conchas de celulose são compostáveis ou reutilizáveis. Continuamos a trabalhar em melhorias visando remover ainda mais plástico e facilitar a leitura de nossas embalagens. Em breve."
**Grégory Dubos**, proprietário e gerente geral da Les Secrets de Léontine.

## Embalagem de papel com plástico separável

### Avallen coloca o vinho Calvados em embalagem constituída predominantemente de papel

A particularidade desta paper bottle é que a sua estrutura rígida não é constituída por polpa moldada, mas por uma simples folha de papel. Essa especificidade permite criar uma decoração de 360 graus, como uma manga termorretrátil, em toda a garrafa. Uma vez esvaziado o seu conteúdo, o consumidor deverá separar o saco plástico do papel para que este último seja colocado na coletora de triagem e reciclado na cadeia do papel. Quanto ao saco flexível que contém o vinho Calvados, ele ainda não é reciclável.

**PRÓS:** a Avallen escolheu uma garrafa de 750 mL feita com 94% de papel reciclado, cortado e colado em torno de uma bolsa multicamadas de plástico e alumínio de 15 g, com tampa plástica de rosca. O conjunto pesa apenas 83 g, quase cinco vezes menos que uma garrafa de vidro de mesma capacidade por um preço semelhante. Uma ACV realizada pela Intertek revelou que essa garrafa de papel tem uma pegada de carbono até seis vezes inferior à de uma garrafa de vidro com a mesma capacidade.

**PONTO DE POSSÍVEL MELHORIA:** para deixar essa embalagem ainda mais adequada, várias áreas de progresso ainda parecem possíveis, por exemplo: usar um saco plástico reciclável e garantir que a separação possa ser realizada automaticamente, após o esmagamento no ciclo de coleta seletiva e/ou no centro de triagem, sem intervenção do consumidor.

"As principais considerações no design desta garrafa foram a redução das emissões de $CO_2$ e o consumo de água durante sua produção e reciclagem, ambos várias vezes inferior ao de uma garrafa de vidro padrão. O design da garrafa permitiu nos divertir e ser muito criativos."
**Tim Etherington-Judge**, cofundador da Avallen Spirits.

## Embalagem de papel com plástico separável

### Carlsberg passa do protótipo à pré-série industrial para testar sua garrafa à base de fibra

Os visuais dos protótipos foram objeto de uma publicidade promissora por quase três anos. Depois de realizar vários testes com seus parceiros Paboco e Avantium, a Carlsberg está lançando um teste em larga escala de sua nova garrafa de fibra. Assim, em junho de 2022, a marca produziu 8 mil garrafas para testá-las em festivais e eventos, e por meio de amostras para seus entusiastas em oito países da Europa Ocidental: Dinamarca, Suécia, Noruega, Finlândia, Reino Unido, Polônia, Alemanha e França. Esses testes coletarão as opiniões dos consumidores com o produto em mãos, mas também testarão a produção, o desempenho e a reciclagem em grande escala da garrafa.

**PRÓS:** a Carlsberg está testando uma garrafa feita inteiramente de fibras, exceto por uma cápsula de aço. O recipiente interno, que garante a vedação, preserva o sabor e o gás da cerveja, tem formato predefinido de 16 g e é feito de polietileno furanoato (PEF), um polímero derivado de plantas e renovável, alternativa ao polietileno tereftalato (PET) de origem fóssil. O invólucro externo, que garante a rigidez do corpo da garrafa e protege o conteúdo da luz, é composto por 20 g de fibras de madeira provenientes de florestas administradas de maneira sustentável. A marca destaca ainda que esse invólucro possui propriedades de isolamento térmico que devem ser apreciadas pelos consumidores. Essa parte da embalagem é reciclável na cadeia do papel, por ser o material predominante.

"Nossa garrafa de fibra deve ter a mesma pegada que nossa garrafa de vidro recarregável, que é a nossa embalagem primária de melhor desempenho quando coletada e reutilizada em sistemas eficientes. Quando a garrafa de fibra estiver amplamente disponível, ela complementará as embalagens existentes, e não as substituirá."

**Stephane Munch**, vice-presidente de desenvolvimento da Carlsberg.

## Embalagem de papel com plástico separável

### Lenor está pronta para testar sua garrafa de fibra de papel e plástico reciclado

Como parte de sua estratégia de desenvolvimento sustentável, a divisão Fabric Care da Procter & Gamble visa reduzir o uso de plástico em 30% até 2025, privilegiando o uso de 50% de plástico reciclado. Desenvolver uma garrafa feita principalmente de celulose de madeira com uma fina barreira de polietileno tereftalato reciclado (rPET) faz naturalmente parte, portanto, dessa estratégia. O lançamento na Europa de um primeiro teste em grande escala é iminente.

**PRÓS:** a Lenor concebeu uma garrafa cujo corpo de polpa moldada é constituído por 22 g de fibras de papel provenientes de florestas com certificação FSC®, uma pré-forma de 11 g de polietileno tereftalato reciclado (rPET) e, por fim, uma tampa dosadora de polipropileno (PP) de 19 g. A Lenor estuda com seus parceiros os meios para reciclar essas embalagens da melhor maneira possível. Não há dúvida de que, depois desse primeiro teste, a marca procurará reduzir significativamente o conteúdo plástico de sua embalagem e da dosadora, que ainda permanece bastante elevada.

"Estamos muito entusiasmados em lançar nosso primeiro piloto de garrafa de papel Lenor no próximo mês, com 100 mil garrafas no mercado europeu. Essas garrafas, feitas de papel com certificação FSC® e com barreira interna em rPET, marca o passo inicial que nos permitirá aprender com nossos parceiros comerciantes e consumidores sobre esse novo tipo de embalagem. O objetivo é avançar em nosso conhecimento para concretizar nossa visão de uma garrafa de papel 100% originária de biorrecursos e reciclável. Estamos cientes de que esse protótipo não é totalmente perfeito, mas precisamos começar de algum lugar para progredirmos e nos aproximarmos de nossa visão em um mundo em que ninguém ainda conseguiu produzir uma garrafa 100% de papel, reciclável e capaz de conter adequadamente um produto líquido."

**Guillaume Lebert**, diretor de P&D de desenvolvimento sustentável para lavanderia da Procter & Gamble na Europa.

## Embalagem de papel com plástico separável

### Spa Reine aposta no “bag in box” para reduzir sua pegada ecológica

O “bag in box”, ou saco dentro da caixa, não é novidade. Ele era anteriormente utilizado no mercado vitivinícola e sinônimo de produto de qualidade-padrão, barato. Hoje, como demonstra a Spa Reine com seu Eco Pack de 5 L de água mineral, ele constitui uma verdadeira alternativa ao mesmo tempo econômica e ecológica.

**PRÓS:** o Eco Pack da Spa Reine é composto por uma caixa de papelão ondulado reciclado e um saco de polietileno (PE) com torneira. A embalagem permite reduzir a quantidade de plástico em 65% por litro de água em comparação com um pacote de seis garrafas plásticas. Também ajuda a reduzir a pegada ambiental em nível logístico, pois o Eco Pack é mais leve e mais fácil de transportar e armazenar. Segundo a Spa Reine, sua pegada de carbono é quase 40% menor por litro de água quando comparada à de seis garrafas de vidro retornáveis. Por fim, depois de separar o saco da caixa, tudo é reciclável nos sistemas e canais existentes.

"Graças ao Eco Pack de 5 L poderemos continuar a fornecer a água mais pura e saudável aos muitos consumidores que amam a Spa Reine, ao mesmo tempo que prosseguimos em nossos esforços incessantes para reduzir nossa pegada de carbono. A Spadel está plenamente consciente do impacto das embalagens no meio ambiente e deseja desempenhar um papel de liderança para reduzi-lo. Também fico muito satisfeito ao constatar que os esforços empenhados nos últimos anos estão dando frutos. Apesar do aumento no volume em 21% desde 2010, nossa pegada de carbono absoluta diminuiu 15% no mesmo período."

**Marc du Bois**, CEO do grupo Spadel.

## Embalagem de papel com plástico separável

### La Roche-Posay se empenha em desenvolver paper bottle para reduzir ainda mais o uso do plástico

Ao lançar em 2018, nos Estados Unidos, uma linha de produtos capilares com a marca Seed, acondicionada em uma das primeiras formas de paper bottle colocada no mercado, a L'Oréal foi pioneira. A La Roche-Posay, líder mundial em cosméticos, afirma seu compromisso em reduzir cada vez mais seu consumo de plástico com um novo modelo que não só usa ainda menos plástico, mas também apresenta muito mais qualidade.

**PRÓS:** La Roche-Posay desenhou o corpo de seu frasco em polpa moldada feita de fibras com certificação FSC® misto. O recipiente interno de 400 mL é feito de polietileno tereftalato reciclado (rPET). Graças a essa solução de embalagem, a marca reduz o consumo de plástico em 60% em comparação com o frasco plástico que ela usa atualmente.

"A La Roche-Posay está comprometida com um roteiro global de longo prazo para reduzir o uso de plástico e, portanto, seu impacto ambiental. Além do lançamento das bisnagas de filtro solar com design ecológico e da incorporação do papel em 2021, essa primeira geração de paper bottle foi concebida para se tornar no futuro uma solução alternativa para embalagens de cosméticos comuns. A marca já está trabalhando com seus parceiros para reduzir ainda mais a participação do plástico no futuro, mantendo a funcionalidade para seus consumidores e preservando a integridade da fórmula."

**Pierre-Gilles Bouvier**, chefe de inovação em embalagens da L'Oréal, e Sébastien Paty, chefe de desenvolvimento de produto da Active Cosmetics.

## Embalagem de papel com plástico separável

### Nature de France pede que seus consumidores separem o plástico do papel

Esta embalagem consiste principalmente em uma simples folha de papel revestida por uma película plástica muito fina, sobre a qual é selado um filme plástico termoencolhível. Este último acompanha a forma do conteúdo, agindo como uma espécie de película protetora. Tal solução de embalagem adotada pela Nature de France para condicionar seus filés de frango é, assim, composta por 75% de papel reciclável. Contudo, para alcançar um percentual satisfatório de reciclagem, o consumidor deve primeiro separar todo o plástico da folha de papel antes de depositá-la na coletora de embalagens.

**PRÓS:** a Nature de France, que adotou uma embalagem de papel, reconhece a dificuldade de reciclar esse tipo de material e os resíduos que ela gera no processo de reciclagem. Por isso, a marca apresenta instruções claras para separação do plástico e do papel. A intenção é boa, mas fazer com que o consumidor, mesmo que ecossensível, realize esse gesto, ainda é utópico, especialmente porque a separação total entre papel e plástico não é muito fácil de realizar.

## Embalagem de papel com plástico separável

### Daunat instala um revestimento de plástico separável em suas bandejas de papel para otimizar sua reciclagem

Para não "embarcar" o plástico no processo de reciclagem de suas bandejas, a Daunat propõe a seus consumidores um novo gesto de triagem. A embalagem é produzida principalmente em papelão micro-ondulado e um invólucro fino com lacre plástico, que é conveniente separar após o uso para facilitar a reciclagem. Isso está escrito em verde sobre o fundo branco da bandeja. Basta fazer.

**PRÓS:** a Daunat optou por embalar sua salada na bandeja Eco Bowl®, composta por 90% papel ondulado 100% reciclado. A bandeja é entregue plana ao fabricante para ser formatada e laminada antes de ser preenchida com uma película de polietileno de baixa densidade (PEBD) muito fina, com copolímero de etileno-álcool vinílico (EVOH) para garantir as propriedades de barreira, e depois fechada com um lacre do mesmo material. Essa solução contém até 85% menos plástico do que as bandejas-padrão de polipropileno (PP). Outra particularidade é que, após o uso, seus componentes podem ser separados. Ao puxar o revestimento de plástico, ele se separa com muita facilidade da estrutura rígida da bandeja. Em seguida, basta colocar cada item na coletora de triagem. Esse gesto de triagem, desde que realizado pelo consumidor, é claro, permite otimizar a reciclagem de 90% das fibras que compõem a bandeja.

"Temos muito orgulho de oferecer uma nova linha de saladas balanceadas e deliciosas em embalagens 90% de papel. Essa linha cumpre plenamente nossos compromissos de RSE: fabricação em linha de produção ergonômica que integra novas tecnologias, embalagens mais ecológicas, utilização de novos ingredientes e de proteínas de origem francesa. É uma grande inovação que reflete nosso propósito: fazer sempre melhor para oferecer a todos os nossos consumidores mais sabor, acesso e responsabilidade para viver plenamente."

**Frédéric Oriol**, diretor geral da Daunat.

## Embalagem de papel com plástico separável

## Biocoop reduz a participação do plástico em suas bandejas e permite aprimorar a recuperação da parcela de papel para reciclá-lo

As soluções de bandejas híbridas compostas principalmente por papel com uma parcela mais ou menos significativa de plástico estão se multiplicando. No entanto, todas elas apresentam o mesmo problema: o da reciclagem. A parcela de plástico, sem dúvida minimizada, não deve se tornar um elemento disruptor na parcela fibrosa e deve, em última análise, ser reciclável. Deve, portanto, ser facilmente separável e reciclável, caso seu material permita.

**PRÓS:** a Biocoop escolheu a bandeja Hybric® Tray. Ela é composta por uma folha simples de papel dobrado e colado que, apesar da espessura fina, representa 67% de sua massa. O corpo em papel impresso serve como meio de comunicação e garante a rigidez da bandeja. O recipiente plástico, portanto, é livre de mensagem, exceto pela marcação a jato de tinta da data de validade e do número de rastreabilidade. Dessa forma, ele se torna um recurso plástico muito interessante para a reciclagem.

"Único ou múltiplo, o uso responsável das embalagens é necessário. Trabalhamos, portanto, diariamente com nossos parceiros para limitar o impacto ambiental associado à utilização de embalagens. Usar recursos renováveis sustentáveis, concebendo e produzindo melhor com menos, evitando na embalagem qualquer elemento inadequado, reutilizar as embalagens e seus materiais e garantir o uso mais seguro possível são os temas escolhidos pela Biocoop para melhorar as embalagens."

**Hélène Person**, gerente de marca e inovação da Biocoop.

## Embalagem de papel com plástico separável

### Mix Buffet projeta uma solução de embalagem adaptada à duração da conservação de seu produto

Bandejas, tigelas e saladeiras de plástico para embalar saladas geralmente usam um material superprotetor relacionado à duração da conservação exigida, que não ultrapassa quinze dias. Além disso, a tampa que as fecha não é reciclável e representa um problema para a reciclagem da bandeja se os dois elementos não forem separados. Com sua solução composta por uma tigela de polpa moldada recoberta por uma película retrátil de polietileno (PE) com rótulos no mesmo material, a Mix Buffet concebeu uma embalagem mais justa e totalmente reciclável.

**PRÓS:** a Mix Buffet escolheu uma pasta de papel cuja composição foi ajustada para garantir a impermeabilização de sua tigela moldada. Assim, o recipiente resiste à umidade e à gordura sem adicionar revestimento plástico ou repelente ao óleo como um componente fluoretado ou outro desse tipo. O desempenho da embalagem sob atmosfera modificada é garantido por um filme retrátil de polietileno (PE), reciclável na cadeia dos plásticos flexíveis. Os rótulos presentes no produto também são feitos de polietileno (PE); como não são destacáveis do filme, elas são recicladas junto com ele.

"Queríamos lançar uma nova gama de produtos para a nossa marca nacional Mix com o máximo de ingredientes franceses. Foi necessário pensar em novas embalagens que seguissem as fortes convicções da marca. Estabelecemos duas restrições: a embalagem tinha de ser fabricada na França e todos os seus elementos tinham de ser recicláveis nos canais de triagem existentes. O principal desafio dizia respeito ao recipiente em celulose. Graças a um material desenvolvido especificamente para esta tigela, conseguimos nos livrar do revestimento. Isso nos permitiu obter uma melhor reciclabilidade sem alterar a barreira da embalagem à umidade e à gordura. Em relação ao filme para formatação de embalagens flowpack, criamos um avanço no mercado de saladas para aperitivo, já que nosso produto é o único que não é lacrado. O lacre é um ponto negativo no desenvolvimento de embalagens, porque não é reciclável. Nosso flowpack retraído de polietileno (PE) nos permite garantir sua reciclabilidade e a colocação do produto em atmosfera modificada. Os rótulos de comunicação também são feitos de polietileno (PE), para serem tratados junto com o filme".

**Mathieu Vallée**, gerente de embalagens da Mix Buffet.

# Reduzir o peso ainda mais e encontrar alternativas ao plástico

A maioria das soluções constituídas principalmente de papel são, em geral, mais pesadas que as embalagens plásticas que substituem. A redução do peso do material fibroso é, portanto, essencial. Além disso, dependendo do produto contido e das propriedades de barreira necessárias, ainda não é possível renunciar ao plástico para garantir as funções de proteção, de cumprimento às normas sanitárias e de integridade. No entanto, para a conformidade com os objetivos da lei Agec, será necessário contar rapidamente com soluções de substituição e/ou com novos materiais para garantir as funções essenciais que o pouco plástico ainda presente nessas embalagens ainda cumpre atualmente. A pesquisa para tornar a fibra funcional está a todo vapor e os experimentos se multiplicarão nos próximos anos. Mas o caminho para o plástico zero ainda é longo.

Reduzir o peso, sempre. Isso ainda parece possível para o plástico sem comprometer suas funcionalidades de proteção e barreira. No entanto, é algo que muitas vezes requer uma compensação com mais papel, principalmente para garantir a funcionalidade estrutural da embalagem, a fim de torná-la mais rígida, mais protetora, mais fácil de segurar e usar. E para não acrescentar de um lado o que se eliminou do outro, o que, infelizmente, é muitas vezes o caso, é apropriado reduzir simultaneamente as estruturas de papel, em especial porque a tentação de aumentar a participação do papel para exibir um percentual mais alto de redução de plástico pode ser forte.

É fato que hoje todas as alternativas às embalagens plásticas são mais pesadas. Assim, as ACVs apresentam certos indicadores ambientais que são desfavoráveis a essas alternativas, sobretudo aquele examinado por todos, a emissão de $CO_2$. É urgente que essas novas soluções controlem melhor seu impacto ambiental para que sejam capazes de reduzi-lo com o tempo. Grandes margens de progresso parecem possíveis em termos de redução da espessura dos materiais fibrosos e do peso, particularmente a partir de soluções de polpa moldada.

## O belo plástico de polpa moldada

A fibra de papel moldada, ou polpa moldada, é usada para fazer embalagens há mais de um século. As primeiras conquistas datam de 1903, quando Martin Keyes, em Maine, nos Estados Unidos, iniciou a produção de tabuleiros para confeitaria. Graças à excelente capacidade do material de absorver choques, a ideia de embalar ovos frescos em embalagens específicas de polpa moldada surgiu em 1931. Desde então, esse material, de aspecto bastante rústico, feito de biomassa e de matérias-primas recicladas, permaneceu confinado à produção de caixas de ovos e elementos de suporte. Tivemos de esperar até o fim do século XX para começar a ver novas aplicações aparecerem no setor de embalagens, com formatos e aspectos um pouco mais sofisticados.

Nos últimos anos, o progresso alcançado na produção de peças de polpa moldada é deslumbrante. Com novas tecnologias, conhecidas como polpa moldada de alta densidade e fibra moldada a seco, agora é possível produzir peças de formatos mais complexos e com um acabamento de boa qualidade, perfeitamente liso, que já não deixa muito a desejar em relação ao plástico. Isso não passou despercebido às marcas de produtos de luxo, que utilizam esse material para criar expositores em eventos. As possibilidades de aplicação para esse material parecem imensas porque ele permite a produção de quase todas as formas de embalagem termoformada, extrudada ou moldada com polietileno tereftalato (PET), polipropileno (PP), polietileno de alta densidade (PEAD) e poliestireno (PS).

Além da qualidade das formas das embalagens que permite produzir, a polpa moldada a partir de fibras virgens, geralmente provenientes de florestas administradas de maneira sustentável, possui outros ativos importantes que poderiam torná-la o material da embalagem descartável do futuro. Já existem certas aplicações adequadas para contato com alimentos, à prova d'água e com barreira às gorduras, graças a um revestimento de origem biológica e biodegradável que não altera em nada a reciclagem da fibra.

As atuais soluções de embalagem com menos plástico e com plástico separável oferecem apenas uma substituição parcial desse material. Deve-se, portanto, aceitar o fato de que elas são apenas transitórias. Na medida em que os textos legais não estabelecem um limite mínimo para que uma embalagem seja considerada plástica, todas aquelas que são fabricadas parcialmente com plástico, compósito ou compostos são, portanto, embalagens plásticas. Por enquanto, embora essas embalagens permitam que os fabricantes contribuam para os objetivos de redução das quantidades de plástico em embalagens descartáveis definidos para 2025, elas não permitirão cumprir o marco estabelecido para 2040.

Ainda que a perspectiva do fim da comercialização de embalagens plásticas descartáveis possa parecer impossível para algumas pessoas e demasiado próxima ou muito distante para outras, o plástico zero não será alcançado para todas as aplicações e em uma só etapa. Materiais alternativos aos plásticos convencionais quimicamente modificados ainda são apenas premissas. Haverá, sem dúvida, várias opções para experimentar. Algumas já começam a surgir, enquanto outras ainda não saíram dos laboratórios de pesquisa.

Entre as tecnologias do futuro que já abordei no primeiro período da revolução das embalagens, a cromatogenia inspira muitas esperanças. Hoje, as primeiras aplicações estão aparecendo. Esse processo permite fazer com que o papel seja hidrofóbico, ou seja, resistente à água, sem associá-lo a outros materiais e sem modificar suas propriedades mecânicas e estéticas, nem mesmo sua reciclabilidade.

Outra tecnologia que visa melhorar a funcionalidade da fibra celulósica também está começando a ser comentada. Trata-se de um projeto desenvolvido pela companhia FunCell (abreviação de "funcionalização para materiais celulósicos"), empresa que explora uma inovação de ponta do laboratório universitário francês (CNRS) localizado em Grenoble. Essa tecnologia é resultado de vários anos de pesquisa. Funciona ao aumentar a resistência mecânica da celulose, imitando o que a natureza faz nas plantas. O princípio geral consiste em extrair da biomassa um polímero cuja função na natureza seja dar resistência aos materiais celulósicos e, em seguida, melhorar ainda mais essa capacidade modificando-o ligeiramente por meio de processo de química verde. A empresa desenvolveu, assim, uma variedade de aditivos de origem biológica e produtos biodegradáveis destinados principalmente ao setor de papel. Esses materiais tornam possível aumentar o desempenho mecânico geral do papel, como a resistência ao rompimento e à tração, além de aumentar ainda mais suas propriedades mecânicas, tanto no estado seco (até três vezes) quanto úmido (até vinte vezes) sem prejudicar a reciclabilidade das caixas de papel. Além dos desempenhos proporcionados, esses aditivos poderiam substituir alguns aditivos de origem petrolífera.

Hoje a empresa FunCell está em fase de produção em laboratório, mas pretende passar rapidamente para a escala industrial e multiplicar o número de testes. A companhia já mantém contato com grandes grupos papeleiros e com contratantes para desenvolver aplicações para seus aditivos.

No campo dos filmes flexíveis, os processos avançam com igual rapidez em busca de alternativas que ofereçam as mesmas propriedades protetoras que o plástico, mas que não o contenham, de acordo com a regulamentação. Esses novos materiais são derivados principalmente de combinações de ingredientes 100% naturais e não naturais submetidas à transformação química. É o caso dos polímeros produzidos a partir da celulose, como viscose, celofane ou liocel, que agora não são listados como material plástico, ainda que tenham algumas de suas propriedades. O Lactips®, produzido com caseína de leite, é um exemplo. Ele permite produzir filmes finos que podem ser complexados com papel oferecendo as propriedades de barreira sem prejudicar a plena reciclagem das fibras. Além disso, é um material integralmente solúvel em água, rotulado como composto doméstico e biodegradável em todos os meios, incluindo os oceanos.

Certos revestimentos e vernizes que não sejam considerados materiais plásticos também estão em desenvolvimento e testes. As soluções de substituição vão, sem dúvida, se multiplicar nos próximos anos.

# Ser ou não ser transparente, ainda devemos permitir a escolha?

Como já foi mencionado diversas vezes, a substituição de embalagens de plástico por soluções em papel implica, em muitos casos, a supressão da transparência que permite a visualização do conteúdo. Se, como considera a lei, essa função não é útil porque não contribui de forma alguma para a proteção das condições sanitárias e de integridade do produto, para seu transporte ou para a informação jurídica do consumidor, os resultados das primeiras experiências mostram que, para estes últimos, isso pode representar um problema em algumas categorias de produtos. No caso de uma salada preparada, o consumidor que compra com os olhos, ainda que se declare ecologicamente responsável, tende a escolher embalagens transparentes fabricadas total ou parcialmente a partir do plástico, e não as opacas, de papel. A lei do mercado torna-se, assim, um entrave à transição essencial das embalagens. Será necessário estudar tudo isso caso a caso e provavelmente estabelecer regras mais rigorosas a fim de não penalizar os fabricantes que realmente querem abandonar o plástico. Os textos restritivos que estabelecem obrigações ou proibições, mesmo que não agradem, têm o mérito de colocar todos na mesma situação. Quando os fabricantes não possuem escolha, os consumidores não têm outra possibilidade que não se adaptar.

Capítulo 6

# OS PLÁSTICOS

## CADA VEZ MAIS CIRCULARES

As embalagens plásticas descartáveis ainda estão no olho do furacão e não sairão dele da mesma forma que entraram. Para as que não são proibidas, se for conveniente reduzir seu peso, é preciso antes de tudo que elas se tornem recicláveis e efetivamente recicladas; para outras, é necessário reintegrar percentuais mínimos de material reciclado, caso contrário, elas desaparecerão no curto prazo. Além disso, as tendências de monomateriais, homopolímeros flexíveis e plástico mais fácil de reciclar tornaram-se essenciais para que as embalagens descartáveis continuem a existir. No entanto, as esperanças nos complexos de poliolefina subsistem, porque a revolução da embalagem é simultânea à revolução da reciclagem, e as experimentações nas cadeias de reciclagem parecem promissoras. A reintegração de material reciclado também não é uma tendência, mas uma obrigação, especialmente para garrafas de bebidas. Quanto aos plásticos de biomassa ou de recursos renováveis, embora sua origem e produção continuem a gerar debate, a reciclabilidade ao fim de sua vida útil já não é uma questão. Eles também devem ser reciclados e, assim, girar em circuitos fechados.

Todas essas medidas e iniciativas voltadas às embalagens plásticas, que visam reduzir a quantidade colocada no mercado, reciclá-las e reintegrar o máximo possível de material reciclado em sua produção, devem permitir alcançar objetivos diferentes e em conformidade com a regulamentação até 2030. No entanto, muitos fabricantes e distribuidores de embalagens se questionam legitimamente sobre o interesse em investir nessas abordagens mais adequadas, se tudo isso deve acabar dez anos mais tarde, no prazo final de 2040, quando todas as embalagens descartáveis serão proibidas.

# Embalagens plásticas: de nove tendências a três eixos principais de experimentação

Na parte I desta obra, dedicada ao primeiro período da revolução das embalagens, apresentei as nove grandes tendências de novas soluções emergentes para as embalagens plásticas:

- Tendência 1: redução do plástico, sempre e cada vez mais.
- Tendência 2: monomaterial.
- Tendência 3: plástico mais fácil de reciclar.
- Tendência 4: homopolímero flexível.
- Tendência 5: incorporação de material reciclado.
- Tendência 6: aparência "100% reciclado".
- Tendência 7: plástico marinho.
- Tendência 8: plástico de base vegetal.
- Tendência 9: plástico reutilizável.

A observação dos lançamentos em diferentes mercados usuários de embalagens plásticas permite classificar atualmente com mais precisão as trilhas que emergem desse primeiro período da revolução. Assim, não vou mais apresentar tendências, mas, sim, as principais áreas de melhoria que estão se materializando e se desenvolvendo para embalagens plásticas e que se articulam em torno de três temáticas:

- Embalagem plástica simplificada e reciclável.
- Embalagem plástica reciclada.
- Embalagem plástica de biomassa ou de recursos renováveis.

# Embalagem plástica simplificada e reciclável

Uma das regras básicas do design ecológico, ou ecodesign, consiste em conceber embalagens leves, compostas por um único material, com o mínimo de elementos possível. Para embalagens plásticas, isso envolve produzi-las a partir de uma única e mesma resina em todos os seus componentes, corpo, tampa, lacre e rótulo, e também significa buscar eliminar, se possível, um elemento considerado não essencial. Quando a embalagem é feita de diferentes polímeros e diversas partes, estas devem ser obrigatoriamente recicláveis e/ou separáveis nos dispositivos de reciclagem existentes. As embalagens simplificadas apresentadas em alto e bom som como, acima de tudo, recicláveis, são experimentadas em muitos mercados. No entanto, avançar nessa direção de sobriedade às vezes requer a degradação ou mesmo o sacrifício de uma funcionalidade de uso. Essa prática requer, portanto, uma análise prévia e aprofundada de todas as funcionalidades das embalagens primária e secundária, a fim de evitar transferências para outros elementos do sistema de embalagem, e apoiar o consumidor na mudança, explicando a ele os benefícios ambientais da abordagem.

Renunciar a um recurso fútil, ou mesmo inútil, não é mais, na minha opinião, só um ato de bom senso, mas também uma abordagem de design ecológico. Muitas embalagens plásticas são excessivamente funcionais, tanto em relação ao que contêm como às necessidades a que atendem e aos gestos habituais que propõem. Para aliviar e reduzir o número de componentes em suas embalagens, alguns fabricantes questionam-se atualmente sobre a real necessidade desta ou daquela função. Eles estão experimentando embalagens simplificadas, desprovidas de certas funcionalidades de uso, em algumas opções de suas linhas de produtos. Os consumidores que declaram querer menos embalagens, mas que simultaneamente desejam que elas sejam mais fáceis de usar e que sejam úteis, são, assim, confrontados com as suas contradições. A equação, portanto, não é fácil de resolver porque os hábitos supérfluos têm vida longa.

O design ecológico de embalagens plásticas, cuja premissa é alcançar soluções que oferecem funcionalidades idênticas, limitando diferentes indicadores de impacto ambiental, permanece focado em dois eixos principais:

- Optar por um homopolímero reciclável e o mais leve possível em setores já operacionais para garrafas de polietileno tereftalato (PET), frascos e corpos ocos em polipropileno (PP) e polietileno de alta densidade (PEAD); ou em setores que estão em estudo e desenvolvimento, conforme o caso para embalagens de poliestireno, poliolefina flexível e polipropileno (PP), bem como bandejas de polietileno tereftalato (PET).
- Criar embalagens menos sofisticadas, com o mínimo de peças possível.

O objetivo dos fabricantes é economizar energia e recursos naturais o máximo possível, engajando-se no princípio de circularidade, além de minimizar as emissões de $CO_2$. Mas, acima de tudo, eles querem poder escrever, às vezes em letras garrafais, a palavra "reciclável" em suas embalagens.

Ser reciclável é uma questão de sobrevivência para alguns produtores de embalagens plásticas para as quais o tempo para a busca de soluções é muito curto. Por isso, simultaneamente à revolução da embalagem, está ocorrendo uma verdadeira revolução da reciclagem. As embalagens flexíveis de polietileno (PE) já enfrentaram o desafio. Na primeira parte deste livro, sobre o primeiro período da revolução, falei de uma cadeia em fase de estudo para elas. Hoje, segundo a Citeo, esse setor já passou do desenvolvimento e está operando, dada a tonelagem reciclada. No entanto, ainda há grandes esforços a serem feitos para melhorar a qualidade do polietileno reciclado (rPE), especialmente em relação ao contato com alimentos, para que ele possa voltar às embalagens domésticas e, assim, completar o ciclo.

Em todo caso, antes que as cadeias de reciclagem sejam operacionais e eficientes, os fabricantes se colocam em ação para que suas embalagens sejam recicláveis nos próximos anos. Além disso, as palavras "pronta para ser reciclada" estão escritas em muitas embalagens. Ainda assim, o tempo está contado para certas embalagens plásticas que, por falta de reciclagem eficaz, poderão deixar de existir bem antes de 2030, data para a qual a Comissão Europeia fixou o objetivo de que todas as embalagens plásticas sejam recicláveis, ou mesmo reutilizáveis, de forma lucrativa.

Treze embalagens plásticas simplificadas e recicláveis:

- Nivea;
- Elgydium;
- Bell;
- Justin Bridou;
- Mix Buffet;
- Bonduelle;
- Valser;
- Rainett;
- Andros;
- Colgate;
- Ben's Original;
- Ilou;
- Bonneterre.

## Embalagem plástica simplificada e reciclável

### Nivea reduz peso de frasco em 50%, melhorando a experiência do usuário

Uma embalagem com design ecológico deve oferecer, no mínimo, valores de uso análogos aos do recipiente que substituem. Mas também pode, como demonstra a Nivea com seu frasco mais leve, proporcionar algo mais. Assim, é possível restringir o percentual de plástico da embalagem e melhorar significativamente o uso do produto, bem como seu desempenho logístico. No entanto, o algo a mais deste frasco reside no fato de ser uma verdadeira ferramenta antidesperdício: ele é compacto, pode ser enrolado como uma bisnaga e é facilmente esvaziado até a última gota.

**PRÓS:** a Nivea apresenta um frasco com capacidade para 200 mL em polietileno de alta densidade (PEAD) que não deixa a desejar em relação a seu antecessor – com 50% menos plástico, ele permanece totalmente reciclável. Graças ao formato adaptado, continua portátil e permite transportar uma quantidade 10% maior de produtos em cada palete, o que reduz o número de caminhões nas estradas para a mesma quantidade entregue. Em termos de facilidade de vazão, este frasco também se destaca dos concorrentes, que geralmente precisam ficar virados para baixo quando não estão mais completamente cheios. Aqui, basta pressionar e enrolar o frasco no final do uso para verter quase todo seu conteúdo em direção à tampa e usá-lo até a última gota. Essa é uma expectativa real do consumidor no que diz respeito a embalagens e resíduos, pois o fato de que as embalagens mais grossas de produtos cosméticos não liberam todo seu conteúdo está no topo das preocupações.

"O frasco Naturally Good é uma verdadeira revolução para nossos consumidores e para o formato de creme corporal em geral. Nossa ideia era aproveitar as vantagens da bisnaga, leve, flexível e com boa liberação do produto, mantendo as vantagens de um frasco, que é uma embalagem autossustentável e fácil de usar. O desafio também era ter um frasco o mais leve possível e, ainda assim, simples de produzir. Esse novo formato foi desenvolvido em um tempo limitado e certas melhorias ainda precisam ser feitas. Por exemplo, a tampa é sempre feita de polipropileno (PP): passando para uma tampa de polietileno (PE), poderíamos ser 100% monomaterial. Também podemos reintegrar materiais reciclados em nosso frasco. Tudo isso ainda não era possível no momento do lançamento."

**Jérôme Lerouge**, chefe de desenvolvimento de embalagens da Nivea.

## Embalagem plástica simplificada e reciclável

### Elgydium abandona bisnaga e adota saco flexível em nome da leveza

Como tem acontecido há vários anos com muitos produtos alimentícios, de limpeza/manutenção doméstica e higiene/beleza, a embalagem flexível se consolidou como alternativa para a redução da quantidade de plástico usada para produzir recipientes. A Elgydium abre as portas no mercado de pastas de dente, reduzindo em quase metade a quantidade de plástico usada em comparação com as bisnagas clássicas que usava antes.

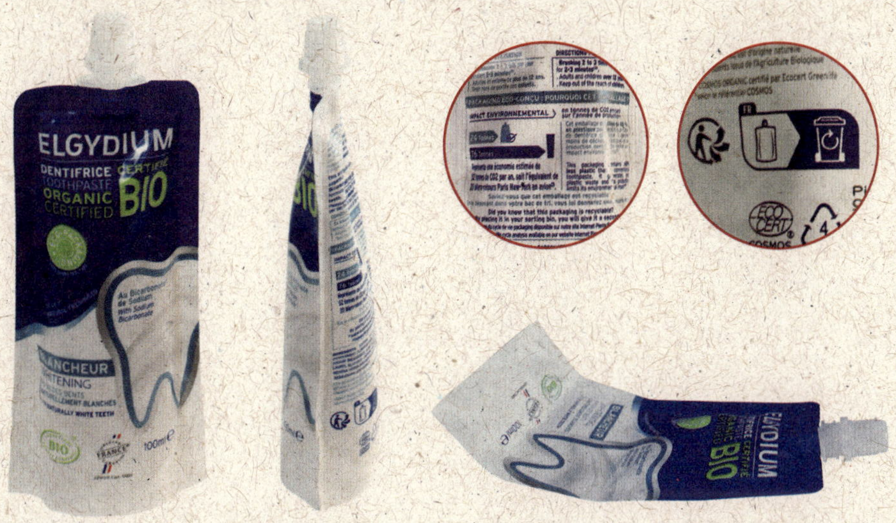


**PRÓS:** a Elgydium escolheu o doypack para embalar sua pasta de dentes. Mais leve que uma bisnaga, este saco reciclável de polietileno (PE) com uma barreira de copolímero de etileno-álcool vinílico (EVOH) permite ao grupo Pierre Fabre, dono da marca, reduzir anualmente a liberação de 52 toneladas de $CO_2$, além de evitar o uso de 6 toneladas de plástico e de 293 toneladas de água. Esta embalagem, apresentada sem caixas, também evita o uso de 16 toneladas de papel. Além disso, esta solução de embalagem é compacta e pode ser enrolada ainda mais facilmente do que uma bisnaga para liberar todo o seu conteúdo.

"O Grupo Pierre Fabre reforça sua estratégia climática iniciada em 2019. Objetivo: reduzir em 33% suas emissões de gases de efeito estufa até 2030, nos escopos 1, 2 e 3, alinhando-se até 2050 com o objetivo de neutralidade carbônica global definido pelo Acordo de Paris de 2015. Para isso, o grupo concentra sua estratégia de desenvolvimento de produtos no design ecossocial, com quatro indicadores principais:

- Redução, suprimindo invólucros e folhetos e diminuindo o peso do plástico de frascos, bisnagas e potes.
- Reutilização, optando por plásticos reciclados.
- Reciclagem, eliminando materiais indesejados e oferecendo embalagens 100% recicláveis.
- Reaproveitamento, com implantação da experiência a granel em farmácias."

**Franck Legendre**, diretor de inovação e desenvolvimento de embalagens do grupo Pierre Fabre.

## Embalagem plástica simplificada e reciclável

### Bell lança nova embalagem para sua linha de presuntos que economiza material e é reciclável

Embora a maioria das marcas esteja migrando para bandejas compostas principalmente por papel para reduzir a participação do plástico e torná-las recicláveis, a Bell lançou, em março de 2021, no mercado alemão, uma nova embalagem para substituí-las. O WalletPack se parece, como o nome sugere, com uma carteira. É feito a partir de um filme em plástico homopolímero que utiliza 37% menos material em comparação com as bandejas-padrão. A embalagem funciona quase como um saquinho que o consumidor abre para desembalar o produto. Ela dispõe de uma função de fechamento com adesivo na parte de trás para evitar danos ao presunto entre os usos. De acordo com o instituto alemão Cyclos-HTP, essa nova embalagem é 93% reciclável. Aparentemente, a novidade atingiu o sucesso esperado na Alemanha, uma vez que agora a encontramos nas seções de charcutaria das lojas francesas.

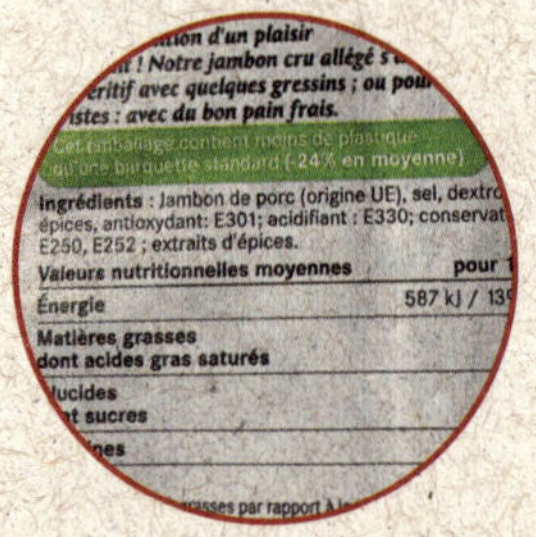


**PRÓS:** a Bell escolheu essa nova solução de embalagem para reduzir seu consumo de plástico. Segundo a marca, só para o mercado alemão a redução seria de 35 toneladas por ano. Além disso, essa embalagem é reciclável na cadeia de filmes flexíveis na Alemanha e não há motivos para não receber o mesmo tratamento em França.

"Assim como acontece com todas as embalagens de alimentos, a prioridade é proteger o conteúdo, mas há algum tempo nosso objetivo também é melhorar a reciclabilidade de nossas embalagens, à medida que buscamos tornar todas as partes do nosso negócio mais sustentáveis. Estamos entusiasmados em lançar essa nova embalagem reciclável que é, ao mesmo tempo, funcional e atraente na prateleira."

**Jessica Trautmann**, gerente sênior de produtos da Bell na Alemanha.

## Embalagem plástica simplificada e reciclável

### Justin Bridou adota bandeja abre-e-fecha reciclável

O lacre em filme plástico complexo termosselado de uma bandeja de polietileno tereftalato (PET) não é reciclável; ele também é um problema para reciclagem. A Justin Bridou substituiu-o por uma tampa plástica também de polietileno tereftalato (PET). Assim, a embalagem, que é 100% monomaterial, está pronta para ser reciclada nas infraestruturas instaladas para esse material que, com as diretivas de triagem expandidas, agora é coletado.

**PRÓS:** a Justin Bridou optou por uma bandeja e um sistema de fechamento monomaterial para que tudo possa ser reciclado no novo setor criado com a extensão das diretivas de triagem. A tampa de polietileno tereftalato (PET) termosselada na bandeja é bem fina. Depois de arrancada, é recolocada na bandeja; seu formato permite que ela se mantenha no lugar entre as utilizações.

## Embalagem plástica simplificada e reciclável

### Mix Buffet equipa lacre com dispositivo para abrir e fechar a bandeja entre duas utilizações

Muitos recipientes possuem uma tampa que pode ser aberta e fechada diversas vezes, depois que o lacre que garante a proteção do conteúdo é arrancado. A Mix Buffet equipou o lacre de suas bandejas de salada com uma aba termoformada que permite seu reencaixe com a ajuda de um clipe. Assim, ele não precisa ser totalmente arrancado e garante a mesma funcionalidade de uma tampa usando muito menos material plástico.

**PRÓS:** a Mix Buffet utiliza uma bandeja sem tampa que oferece as mesmas funcionalidades usando menos matéria-prima. Nesse caso, podemos realmente falar em design ecológico.

**PONTO DE MELHORIA:** uma instrução clara de classificação deve ser adicionada a essa embalagem, solicitando ao consumidor que separe os elementos da bandeja antes de jogá-la no recipiente de coleta seletiva, caso contrário, ela não será reciclada.

"Esta embalagem foi desenvolvida utilizando uma verdadeira abordagem de design ecológico com o nosso cliente Carrefour. A marca queria uma nova bandeja para as saladas do seu setor de refeições prontas e tinha dois requisitos: a visão clara do conteúdo e a possibilidade de fracionamento do consumo. Para o primeiro ponto, o rPET parecia óbvio. Para o segundo, substituir a tampa por um filme abre-e-fecha foi a solução para dispensarmos um elemento da embalagem. No entanto, como nossos lacres frequentemente ficam sujos e queríamos garantir uma boa fixação do filme, optamos por um tipo que pudesse ser fixado por clip na bandeja em vez de um reposicionável."

**Mathieu Vallée**, gerente de embalagens da Mix Buffet.

## Embalagem plástica simplificada e reciclável

### Bonduelle remove a tampa de suas bandejas

Em abril de 2021, as bandejas de vegetais crus e tabule de 300 g e 320 g ficaram sem a tampa de plástico que recobria o lacre também de plástico. Depois de um teste em larga escala, a Bonduelle julgou que esse elemento da embalagem não era necessário, na medida em que essas saladas eram, na maioria dos casos, consumidas de uma única vez. Essa abordagem, que permitiu reduzir em 46% a quantidade de plástico dessas bandejas, foi acompanhada durante vários meses por uma comunicação na embalagem. Apesar de algumas reclamações, a grande maioria dos consumidores parece não ter se incomodado e aceitado perfeitamente a retirada da tampa, de modo que hoje a marca nem fala mais sobre isso.

**PRÓS:** a Bonduelle teve a coragem de renunciar uma funcionalidade não essencial de sua embalagem, mas, muitas vezes, aquilo que é opcional, ainda que inútil, tem a preferência dos consumidores. A aposta valeu a pena, dado o volume de plástico poupado e que, portanto, não precisa ser coletado para reciclagem. O melhor resíduo é obviamente aquele que não produzimos!

"Na Bonduelle, assumimos fortes compromissos para reduzir o impacto ambiental de nossas embalagens e incentivar a economia circular. Isso envolve as ambições de reduzir o consumo de plástico virgem de origem fóssil, da reciclabilidade ou da reutilização de nossas embalagens. No caso das saladas prontas, optamos por retirar as tampas das bandejas de 300 g e 320 g em abril de 2021. Essa mudança impactou os hábitos de nossos consumidores, mas permitiu reduzir quase pela metade a quantidade de plástico e, portanto, o impacto ambiental da embalagem, sabendo que nossa bandeja é reciclável na cadeia do plástico."

**Aude-Claire Blanchard**, gerente de RSC da Bonduelle Fresh Europe.

## Embalagem plástica simplificada e reciclável

### Valser remove o rótulo de suas garrafas plásticas

A experiência foi realizada em 2020 na França, para o circuito de consumo fora do ambiente doméstico, pela Evian. Agora, é a vez de a Valser, na Suíça, retirar o rótulo das garrafas que distribui em supermercados. A marca e as informações são gravadas diretamente no corpo da garrafa, feita de polietileno tereftalato reciclado (rPET), e o código de barras é impresso na tampa.

**PRÓS:** a Valser está experimentando esta garrafa sem rótulo para combater o desperdício de plástico e o aquecimento global. Isso permite economizar vários rótulos plásticos anualmente que, colocados em uma linha reta, representariam uma extensão de aproximadamente 500 km. Se essa solução for bem-sucedida, a Coca-Cola Suíça, dona da marca, planeja estender essa abordagem a todas as suas garrafas plásticas.

"Estamos convencidos de que o futuro pertence às garrafas sem rótulo. Com a Valser, a Coca--Cola Suíça também está estabelecendo novos padrões de sustentabilidade com inovações no mercado de embalagens de bebidas."

**Thomas Krennbauer**, gerente geral da Coca-Cola HBC Suíça.

## Embalagem plástica simplificada e reciclável

### Rainett apresenta embalagem flexível reciclável certificada por organização independente

Graças à sua composição em monomaterial 100% polietileno de baixa densidade (PEBD), o saco flexível da Rainett agora é reciclável na cadeia de filmes flexíveis de polietileno (PE), em fase de desenvolvimento. Para reforçar a credibilidade de sua abordagem, a marca teve suas embalagens certificadas pela Cradle to Cradle® (C2C), do berço ao berço: filosofia concebida por Michael Braungart, químico alemão e chefe da Agência de Promoção da Proteção Ambiental, e por William McDonough, industrialista estadunidense. Ela se baseia no princípio de que os resíduos devem ser total e indefinidamente reutilizáveis ou neutros para o meio ambiente. Um produto certificado Cradle to Cradle® deve, portanto, ser reciclável após o uso e servir de matéria-prima para outros produtos.

**PRÓS:** Rainett usa um saco monomaterial flexível de polietileno (PE) que na França, hoje, é um resíduo de embalagem reciclável. A certificação Gold packaging obtida pela empresa junto à Cradle to Cradle® demonstra que a marca está verdadeiramente empenhada em reduzir o impacto ambiental de suas embalagens. De fato, para obtê-lo, além de ser reciclável, a embalagem deve cumprir muitos outros critérios, como a integração de no mínimo 65% de material reciclado, utilização de energias renováveis, boa gestão da água, etc.

"Com esta nova embalagem, damos um novo passo em direção à economia circular. Nossas equipes, em colaboração com nosso parceiro Mondi, trabalharam durante mais de quatro anos para desenvolver este saco flexível 100% reciclável. Fabricado em polietileno monomaterial (100% PE) com etiqueta impressa removível que atende aos princípios Cradle to Cradle® (do berço ao berço), a base da economia circular, essa embalagem flexível ajuda a cumprir a missão 3Rs: reduzir, reutilizar e reciclar. Nosso objetivo de longo prazo é ser um agente pioneiro na França na cadeia dedicada à reciclagem de PE transparente, como já é o caso na Alemanha, e assim abrir o caminho para o upcycling, que permite otimizar a reciclagem de materiais e criar um ciclo adequado: as embalagens podem voltar a ser embalagens após recicladas! Assim, essa inovação atende às novas expectativas dos consumidores franceses, que procuram embalagens recicláveis que contenham menos plástico."

**Benoit Renauld**, gerente geral da Rainett na França.

## Embalagem plástica simplificada e reciclável

### Andros agora oferece sachê reciclável, como bem se vê

O sachê reciclável de purê de frutas chegou às prateleiras dos grandes distribuidores em outubro de 2020, antecipando as diretivas expandidas de triagem que permitirão aos franceses colocar todas as suas embalagens na coletora amarela (na França, destinada a papéis, metais e plásticos), inclusive aquelas que ainda não possuem uma cadeia de reciclagem operacional. Esta embalagem, que proclama em voz alta sua reciclabilidade, também tem sido objeto de inúmeras reações, incluindo ações judiciais, na medida em que seu processo de reciclagem ainda não era eficaz quando ela foi lançada.

**PRÓS:** a Andros garantiu a reciclabilidade do sachê e da tampa compostos por um único material, o polipropileno (PP), por meio de testes realizados em centros de triagem e recicladores e validados pela Citeo. Além disso, o peso dessa embalagem foi reduzido em 9% em relação à anterior, e sua pegada de carbono foi reduzida em 25%, ao mesmo tempo que o consumo de água é 17% menor. Outro ponto forte da abordagem da marca é a utilização de grande parte da superfície externa da embalagem para comunicação, transformando-a em material educativo que incentiva os consumidores a separarem corretamente os sachês usados.

"Lançar o primeiro sachê 100% reciclável foi um projeto complexo e de longo prazo, liderado por equipes unidas em torno de um objetivo significativo: participar da preservação da natureza que nos dá hoje nosso recurso essencial, a fruta, e oferecer uma solução rápida e portátil para crianças e jovens, com um impacto ambiental reduzido ao máximo. Como continuar a desenvolver o consumo de frutas entre as crianças graças ao formato prático e divertido do sachê, reduzindo o impacto no planeta? O sachê reciclável nos permite dar continuidade à educação para uma alimentação saudável, promovendo o consumo de fruta graças às delícias de nossas sobremesas de frutas, e destacar "o gesto que conta", que deve se tornar um reflexo para todos, reciclando esse sachê que pode ser jogado inteiramente na coletora amarela."

**Virginie Malekzadeh**, diretora do Andros Restauration.

## Embalagem plástica simplificada e reciclável

### Colgate estende as bisnagas recicláveis para toda sua linha e ainda oferece sua tecnologia aos concorrentes

Desde 2019, uma nova bisnaga de pasta de dente à base de plástico reciclável apareceu nas prateleiras com a nova linha Smile for Good. Ela é fabricada em polietileno de alta densidade (PEAD), plástico já amplamente reciclado e usado para produzir, entre outras coisas, garrafas de leite e sacolas de compras. A Colgate indicou, em seus comunicados, que pretendia adotar essa bisnaga em toda a sua linha; a transição está em curso. A marca mundial apelou a seus concorrentes para que façam a mesma coisa e sua tecnologia está disponível gratuitamente para permitir que todos possam seguir rapidamente na mesma direção da bisnaga reciclável.

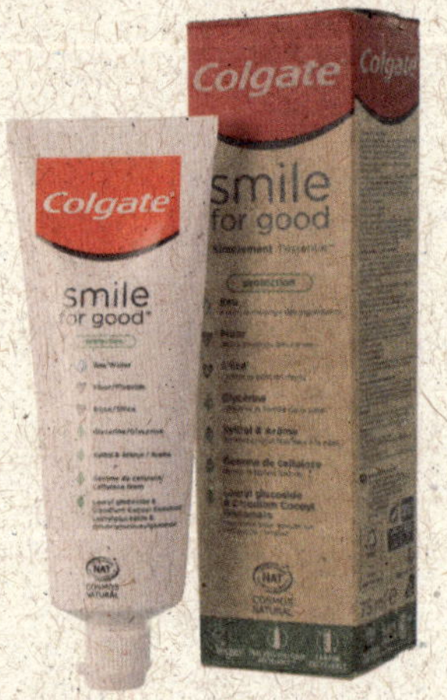

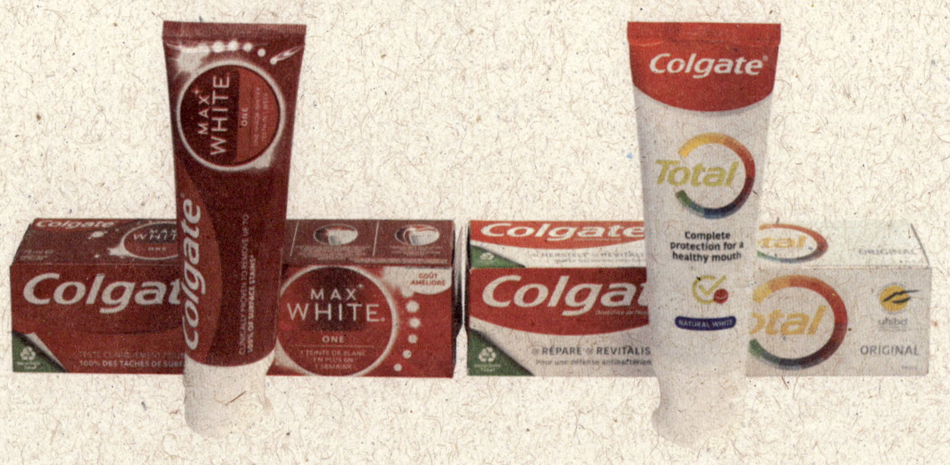

**PRÓS:** a Colgate respeita seus compromissos de passar todos os tubos de todas as suas linhas de pastas de dente para o polietileno de alta densidade (PEAD), a fim de que sejam recicláveis. Conforme anunciado pela marca, a transição deve ser concluída na França até o final de 2023, e a embalagem deve ser adotada em todo o mundo até o final de 2025. O que também deve ser enfatizado é que a Colgate-Palmolive não faz de sua bisnaga reciclável um aspecto de competitividade com os concorrentes, já que a empresa decidiu compartilhar sua tecnologia com eles. A marca afirma que esse gesto está alinhado com os valores e os objetivos de sua estratégia de desenvolvimento sustentável e contribui para seus esforços contínuos em apoiar os Objetivos de Desenvolvimento Sustentável da Organização das Nações Unidas (ONU) e o envolvimento global da Nova Economia do Plástico, da Fundação Ellen MacArthur, cuja missão é acelerar a transição para uma economia circular.

"Se conseguirmos generalizar o uso de bisnagas recicláveis entre todos os fabricantes, todos ganharemos. Consideramos que as bisnagas de pasta de dentes existentes no mercado e, em longo prazo, todos os tipos de bisnagas, atendem aos mesmos padrões de reciclagem de terceiros que alcançamos. Em nível industrial, podemos utilizar os mesmos padrões aplicáveis às bisnagas para se diferenciarem nas fórmulas."

**Noel Wallace**, presidente e CEO da Colgate-Palmolive.

## Embalagem plástica simplificada e reciclável

### Ben's Original se propõe a reciclar seus resíduos de embalagens flexíveis com operador privado

A fim de valorizar seus sachês para micro-ondas que não são aceitos nas atuais infraestruturas de triagem e reciclagem, a Uncle Ben's assumiu o destino de suas embalagens nas próprias mãos. A marca firmou parceria com a TerraCycle, empresa especializada no tratamento de resíduos de difícil reciclagem. Assim, os consumidores poderão devolver seus sachês em um dos pontos de coleta instalados pela TerraCycle. Depois de coletados, os sachês são limpos, triturados e transformados em bolas plásticas recicladas para a produção de objetos de uso cotidiano, como caixas de armazenamento, latas de lixo, mobiliário urbano, etc.

**PRÓS:** a Ben's Original está empenhada em garantir a reciclabilidade das suas embalagens por meio de um projeto exclusivamente francês, que a marca financia integralmente. Esse projeto faz parte de uma abordagem global da Mars Food que pretende que 100% de suas embalagens plásticas sejam reutilizáveis, recicláveis ou compostáveis até 2025.

**PONTO DE POSSÍVEL MELHORIA:** o número de pontos de coleta de embalagens nacionais ainda é extremamente reduzido. No site da operadora, existem apenas cerca de trinta em todo o território francês. Além disso, para além das intenções louváveis, o número de sachês reciclados provavelmente será muito decepcionante. Apenas um aumento exponencial dos pontos de coleta, com uma malha territorial consistente, permitiria alcançar resultados corretos, desde que os consumidores entrassem no jogo.

"Estamos discutindo com nossos parceiros de distribuição o desenvolvimento de pontos de coleta que também possam ser instalados em empresas locais por iniciativa dos consumidores. Os franceses, embaixadores desses pontos de coleta, terão a oportunidade de apoiar obras beneficentes por meio de um sistema de pontos e recompensas. Queremos também sensibilizar os consumidores para a triagem e a reciclagem, por isso, optamos por destacar de maneira bem visível, na frente das embalagens, o fato de que elas agora são recicláveis, graças a essa parceria."
**Jérôme Baudry**, gerente geral da Mars Food.

## Embalagem plástica simplificada e reciclável

### Ilou usa um frasco-bisnaga flexível, ultraleve e reciclável para acondicionar seus molhos

É também graças às novas formas de embalagem que é possível reduzir significativamente a quantidade de material plástico necessária na fabricação das embalagens, bem como seu impacto ambiental. Um exemplo perfeito disso é a embalagem dos molhos da marca Ilou, que oferece as vantagens do frasco, da bisnaga e do saco flexível, ao mesmo tempo que é ultraleve e reciclável.

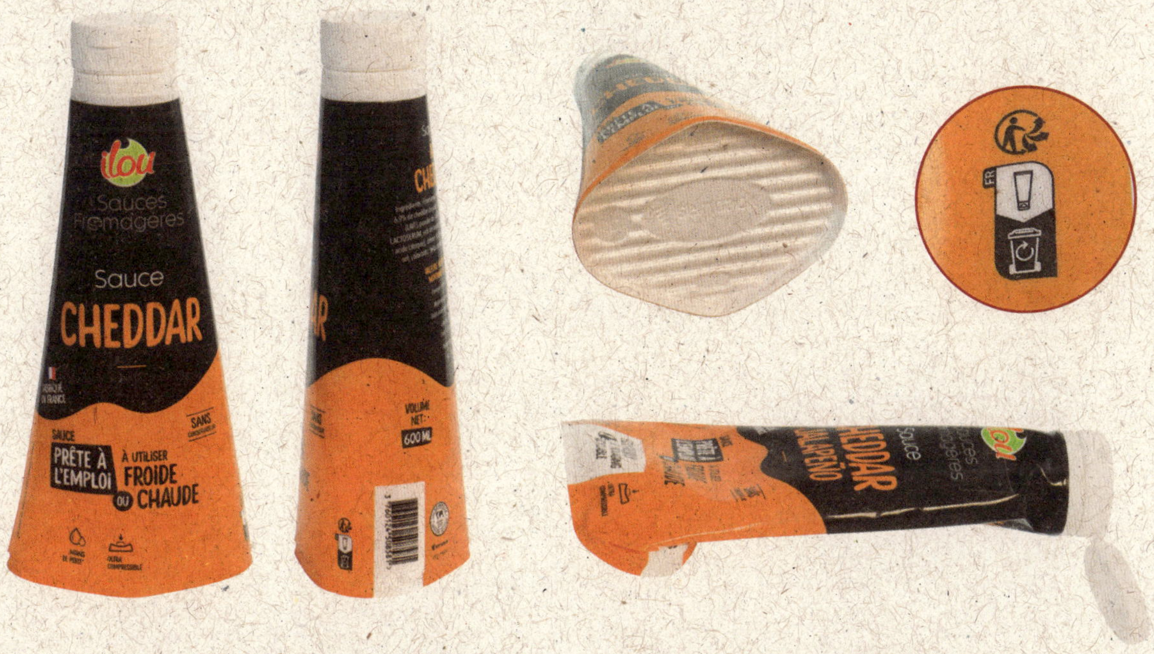


**PRÓS:** a Ilou utiliza embalagem flexível inovadora de 600 mL que combina as vantagens do frasco, da bisnaga e do saco flexível. A embalagem é 100% de polipropileno (PP). Trata-se de um recipiente 38% mais leve que um doypack, 53% mais leve que um frasco rígido e 73% mais leve que a bisnaga. Além disso, permite dispensar quase 99% de seu conteúdo. Esvaziada, ela constitui um resíduo de embalagem de baixo volume, totalmente reciclável.

"A empresa Soreal, com sua marca Ilou, sempre foi criadora de tendências. A escolha do conceito Sempack® surgiu do sonho, não tão irrealizável, de produzir nossas próprias garrafas de molho em nossa unidade de embalamento, como acontece com nossos copos termoformados ou nossos sticks, agora feitos de papel e recicláveis. Transportar garrafas vazias para enchê-las e enviá-las aos quatro cantos do mundo não faz parte dos nossos planos em longo prazo. Até o momento, o Sempack® atende principalmente à necessidade crucial de reduzir o percentual de resíduos de plásticos nos restaurantes e, em segundo lugar, à redução do percentual de desperdício de alimentos, pois esvazia completamente os frascos de molho sem esforço."

**Alain Tanguy**, diretor de desenvolvimento industrial da Soreal.

## Embalagem plástica simplificada e reciclável

### Bonneterre concentra sua receita para reduzir a pegada de carbono de suas embalagens

Esta pequena caixa cartonada de alimento mostra que, por meio da concentração das fórmulas, também é possível reduzir drasticamente a quantidade de embalagens no mercado. Ao concentrar a receita de seu leite de aveia, a Bonneterre substituiu a caixa de 1 L por uma de 500 mL. Com isso, além da economia em materiais de embalagem, a marca reduz pela metade suas operações de transporte para a distribuição de seus produtos. No total, graças a esse produto concentrado, o impacto de carbono da embalagem foi reduzido em 40% em comparação com a caixa de 1 L. Enquanto os setores de produtos de limpeza, incluindo detergente líquido para roupas e de produtos cosméticos, como no caso dos xampus, por exemplo, vêm seguindo esse caminho há muito tempo, a abordagem não é comum para produtos alimentícios e bebidas, em que o produto pronto para consumo ainda é o padrão. Se ainda faltava uma demonstração, esse exemplo é a ilustração perfeita de que um recipiente é totalmente inseparável daquilo que contém. Portanto, a revolução da embalagem também envolverá a revolução das fórmulas de determinados conteúdos.

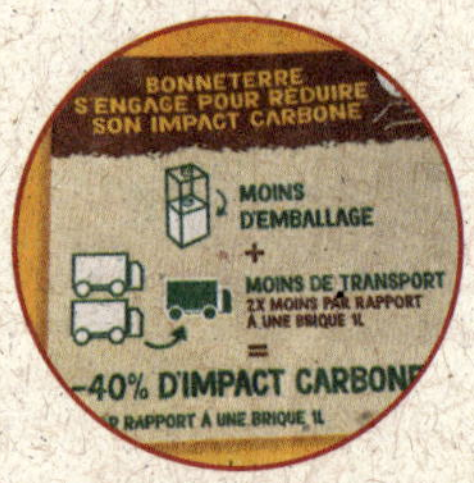

**PRÓS:** a Bonneterre escolheu uma embalagem de alimentos feita com recursos 100% renováveis – os 75% de fibras que compõem sua estrutura de papel e as películas plásticas que garantem as propriedades de barreira e a tampa, que são feitas de polímeros derivados da cana-de-açúcar. Com a fórmula concentrada em uma embalagem de 500 mL, a ser diluída na mesma quantidade de água, o consumidor tem 1 L de bebida com sabor idêntico ao da versão vendida em embalagens de 1 L. Graças a uma capacidade reduzida pela metade, o impacto do carbono é reduzido em todas as fases da vida do produto (produção de materiais de embalagem, fabricação de embalagens, distribuição, fim de vida útil)!

"Em junho de 2022, lançamos um conceito inovador de bebida concentrada vegetal com duas variedades (aveia e amêndoa) que permitem à marca Bonneterre avançar em seus compromissos. De fato, essas bebidas à base de plantas conciliam a vontade de oferecer o máximo em relação ao paladar (um sabor da bebida reconstituída idêntico ao da bebida de 1 L da Bonneterre), ao mesmo tempo que reduz a pegada de carbono. Na bebida concentrada vegetal de aveia, a concentração no formato de 500 mL permitiu reduzir o impacto de carbono em 40% em comparação com o formato de 1 L. Menos embalagens produzidas e descartadas, menos caminhões nas estradas – graças à capacidade reduzida pela metade e à receita concentrada, o impacto do carbono é reduzido!"

**Aurélie Felix**, gerente de marca da Bonneterre.

# Embalagem plástica reciclada

Ser reciclável não é mais uma escolha, usar material reciclado também não será. A partir de 2025, os fabricantes de bebidas acondicionadas em embalagens plásticas terão de incorporar um mínimo de 25% de plástico reciclado em suas garrafas, incluindo as tampas. Depois, em 2030, uma taxa mínima de 30% já está definida. Parece que isso não é um problema, a menos que haja falta de material, pois muitos produtores do setor de bebidas e de outros já apresentam 100% de integração de polietileno tereftalato reciclado (rPET) em suas embalagens. A mesma coisa se dá com as embalagens de polietileno (PE) ou polipropileno (PP); no entanto, esses materiais ainda não são adequados para o contato com alimentos, embora experiências estejam começando a surgir nesta área. Parece, no entanto, que outros métodos de reciclagem poderiam possibilitar a aceleração desse processo. Além disso, as embalagens feitas com material reciclado originado dessas novas tecnologias começam a aparecer, mas ainda despertam muitas perguntas.

Hoje, várias embalagens de polietileno tereftalato (PET), polietileno (PE) ou polipropileno (PP) apresentam algum teor de material reciclado, que pode chegar a 100% e permanecerem recicláveis.

Os produtos reciclados gozam de tanta simpatia que algumas marcas não hesitam em usar o termo em letras garrafais nas embalagens; outras apostam na aparência menos nobre do material para marcar sua diferença. Podemos falar em look reciclado: o plástico é menos transparente, menos luminoso, pode manter a cor do plástico original ou mesmo se tornar cinza...

Integrar material reciclado, especialmente para produzir embalagens de alimentos, não é tão simples assim, porque, da mesma forma que para o material virgem, é preciso que a embalagem seja adequada para o contato com alimentos. A reciclagem mecânica, que é usada para tratar 99% dos resíduos de embalagens plásticas atualmente, ainda não permite garantir que todos os polímeros voltem a ter contato com alimentos, especialmente nos casos do polietileno (PE), do polipropileno (PP) e do poliestireno (PS), que são materiais sujeitos à interação com seu conteúdo. Esse processo, que consiste em separar e triturar embalagens pós-consumo, lavar os flocos e transformá-los em pellets sem modificar a estrutura do material, restaura um material que não está livre de todas as suas impurezas. Estas podem ser provenientes do conteúdo inicial da embalagem e dos ambientes externos aos quais o material foi exposto durante sua vida útil: do local de produção à caçamba do caminhão de coleta de resíduos de embalagens. Contudo, também nessa área as pesquisas estão em ebulição para conseguir obter rapidamente a recuperação para novo contato com alimentos.

Atualmente, apenas embalagens de polietileno tereftalato (PET), principalmente as garrafas de bebidas, permitem que o contato com alimentos seja retomado após a reciclagem. No entanto, é importante permanecer vigilante porque esse material e sua versão reciclada são cada vez mais utilizados em aplicações não alimentícias, o que poderia, no caso de um afluxo demasiado grande na cadeia de reciclagem, colocar em risco essa propriedade.

Muitas pessoas acreditam que a salvação poderia vir das reciclagens química e enzimática, que são tecnologias que permitem recuperar resinas puras. Esses processos não estão mais em fase de projeto de laboratório. As primeiras aplicações chegam a diferentes mercados, gota a gota, sem dúvida, mas avançam. No entanto, ainda estamos no início desse processo e muitas coisas ainda precisam ser esclarecidas sobre esse assunto, principalmente no que diz respeito a aspectos regulatórios, mas também aos interesses econômicos e ecológicos dessas soluções.

A incorporação de material reciclado e a natureza reciclável das embalagens representam agora para os fabricantes um forte argumento favorável ao compromisso com a preservação do meio ambiente. De acordo com todos os estudos com consumidores sobre a percepção das embalagens, o reciclável e o 100% reciclado são as únicas declarações ambientais que eles compreendem. Para eles, elas provam que as embalagens respeitam o meio ambiente.

O governo francês também quis regulamentar, por meio de um decreto, a informação correta dos consumidores sobre as qualidades e características ambientais dos produtos geradores de resíduos (decreto 2022-748, de 29 de abril de 2022). A partir de 2023, os produtores e importadores desses produtos terão de oferecer aos consumidores uma certa quantidade de informação de maneira acessível e gratuita no momento da compra. No caso das embalagens, isso diz respeito especificamente às características de serem compostáveis, reutilizáveis ou recarregáveis. No caso da incorporação de material reciclado, será necessário especificar o percentual de material reciclado acrescido com a menção "embalagem contendo pelo menos [%] de materiais reciclados". Já a reciclabilidade foi entendida como a capacidade efetiva de reciclagem dos resíduos provenientes de produtos idênticos ou similares a partir de cinco critérios que devem ser respeitados e de duas alegações possíveis: "embalagem majoritariamente reciclável", se o material reciclado produzido pelos processos de reciclagem implementados representar mais de 50% em massa dos resíduos coletados, ou "totalmente recicláveis", se atingirem 95% em massa. Quando a capacidade de ser reciclado corresponde à reciclagem de materiais que são majoritariamente reincorporados em produtos com características equivalentes, que tenham utilização e objetivo idênticos, sem qualquer perda funcional do material, o produtor pode completar a informação sobre a possibilidade de reciclagem com as palavras "embalagem reciclável para outra embalagem de mesmo tipo".

Nove embalagens plásticas recicladas:

- Tropicana;
- Pepsi;
- Ultra Doux;
- Galoupet;
- Yves Rocher;
- Carrefour Bio;
- WC Net;
- Bonduelle;
- Les 300 Laitiers Bio.

## Embalagem plástica reciclada

### Tropicana expressa claramente seu compromisso com a reciclagem

Está escrito tão grande que a marca quase fica em segundo plano: "Sou 100% reciclada". A integração de 100% polietileno tereftalato reciclado (rPET) pós-consumo (PCR) no setor de bebidas não é novidade. No entanto, expressar isso com tanta veemência a ponto de ser o principal argumento de diferenciação do produto é, de fato, algo novo, e os consumidores são sensíveis a isso.

**PRÓS:** a Tropicana comunica em alto e bom som a composição de sua garrafa de 900 mL e dedica a parte de trás do rótulo para destacar seu compromisso com a reciclagem. Com isso, a marca responde às principais expectativas dos consumidores, que colocam no topo de todos os estudos o fato de que embalagens recicláveis produzidas a partir de material reciclado respeitam mais o meio ambiente do que qualquer outra, seja qual for o material. No entanto, a empresa pode ter de revisar e esclarecer sua comunicação no que diz respeito às informações definidas pelo decreto francês 2022-748, publicado em abril de 2022.

## Embalagem plástica reciclada

### Pepsi brinca com seu logotipo para comunicar as características do plástico de sua garrafa

É verdade que o logotipo se prestava a isso, mas foi necessário ousar fazê-lo. A Pepsi brincou com sua marca e a transforma em um "100%" para comunicar o fato de que sua garrafa é feita de 100% de polietileno tereftalato reciclado (rPET) pós-consumo (PCR). Assim, o compromisso da marca passa a ser uma variação de seu logotipo: uma verdadeira marca de compromisso.

**PRÓS:** a Pepsi faz da sua marca um forte símbolo para comunicar a natureza reciclada do plástico que utiliza. A tampa traz um sinal que remete à reciclagem. A parte de trás do rótulo contém a referência ao asterisco próximo a 100%, pois excluem-se tampa e rótulo. As instruções de classificação são as da carta gráfica da Citeo.

## Embalagem plástica reciclada

### Ultra Doux está definitivamente comprometida e já oferece garrafas feitas 100% de plástico reciclado e reciclável

Usar 100% de polietileno tereftalato reciclado (rPET) pós-consumo (PCR) para produzir suas embalagens não é exclusividade do setor de bebidas. Produtos de higiene e beleza como o Ultra Doux da Garnier também estão empenhados em seguir um roteiro ambicioso até 2025. Todos os polímeros que compõem suas embalagens estão envolvidos e são aqueles que comumente figuram entre os mais reciclados no mundo: polietileno tereftalato (PET), polipropileno (PP) e polietileno (PE).

**PRÓS:** a Ultra Doux agora usa plástico 100% reciclado PCR para produzir todos os frascos de sua linha. Obviamente, essas embalagens permanecem recicláveis. Além disso, a Garnier trabalha em estreita parceria com seus fornecedores de embalagens, com fabricantes de plástico e com start-ups para desenvolver fontes robustas de fornecimento de material reciclado em todo o mundo. Seu objetivo não é apenas poder utilizar material 100% reciclado em todas as suas embalagens plásticas até 2025, mas também perpetuar a tendência. O uso de embalagens plásticas 100% recicladas deve permitir economizar quase 40 mil toneladas de plástico fóssil virgem por ano.

"A Garnier, por meio da sua abordagem Green Beauty, está transformando toda a sua cadeia de valor para oferecer produtos que são igualmente eficazes e que também respeitem mais o planeta. Para as embalagens de nossos produtos, nosso objetivo é eliminar o uso de plástico virgem até 2025 e tornar todas elas recicláveis. Todos os anos reportamos publicamente o nosso progresso: em 2021, 74% de nossas embalagens já eram recicláveis e 57% já eram feitas de materiais reciclados ou renováveis."

**Aurélie Weinling**, chefe de comunicações científicas internacionais e sustentabilidade da Garnier.

## Embalagem plástica reciclada

### Galoupet lança seu vinho da casa em uma garrafa de plástico reciclada

Podemos descrever esta abordagem como iconoclasta, para dizer o mínimo, mas, enfim, é muito representativa do espírito da época. O vinho *cru classé* de Provença, produzido no Château Galoupet, propriedade do grupo LVMH, apresenta-se em uma garrafa portátil de 750 mL feita em polietileno tereftalato (PET) 100% reciclado de garrafas plásticas recolhidas no litoral pelo programa Prevented Ocean Plastic (POP)..

**PRÓS:** a Galoupet usa uma garrafa ultraleve (63 g) feita de polietileno tereftalato reciclado (rPET), dez vezes mais leve que as garrafas de vidro convencionais, mas, acima de tudo, feita inteiramente de material reciclado coletado no litoral. A marca também especifica que, para sua produção, essa embalagem economiza 68% no consumo de água e reduz as emissões de carbono ligadas às fases de transporte em 56%.

"As garrafas de vidro são certamente duráveis, mas também são muito pesadas e, quando transparentes, como é o caso dos vinhos rosés, não são feitas de vidro reciclado. Desse modo, procuramos superar o desafio do peso da garrafa e de sua cor."

**Kelly Rahman**, gerente de marca do Château Galoupet.

## Embalagem plástica reciclada

### Yves Rocher assume o visual reciclado

Utilizar polietileno tereftalato reciclado (rPET) pós-consumo (PCR) não permite obter embalagens tão transparentes e cristalinas quanto as de material virgem. Pode-se, então, assumir a tonalidade marrom que é resultado da mistura das diferentes cores de embalagens inseridas no processo de reciclagem. Foi o que a Yves Rocher fez com seu frasquinho de gel de banho concentrado.

**PRÓS:** Yves Rocher oferece géis de banho concentrados desde 2017. Eles permitem, graças à sua fórmula inovadora em um pequeno frasco de 100 mL, tomar tantos banhos quanto a quantidade possível com 400 mL não concentrados. Isso representa uma economia de 50% em plástico e 74 toneladas de plástico a menos por ano. As garrafas são feitas de materiais 100% reciclados PCR. Conscientes de que esses materiais não apresentam uma aparência tão límpida como a do plástico virgem, a marca optou por paletas de cores escuras, como esse marrom, que não deixa de lembrar a cor do vidro reciclado utilizado nos mercados de vinho e de cerveja.

"A marca Yves Rocher tem uma longa história com materiais reciclados. Desde 2009, trabalhamos na integração de material reciclado, atingindo rapidamente 25% de conteúdo reciclado em todos os nossos frascos PET. Alcançamos um novo marco em 2020 ao usar material 100% reciclado em todos os nossos frascos PET, coloridos ou não. Nossas equipes de marketing aceitaram todas as variações de cores. Em agosto de 2022, relançamos nossa linha de géis de banho com fórmulas sem sulfatos nem corantes e fizemos a escolha de colorir nossas garrafas nesse tom âmbar. Essa história não acabou. Todos os dias trabalhamos para ir ainda mais longe na reciclabilidade e na redução."

**Jean-David Schwartz**, diretor geral da marca Yves Rocher.

## Embalagem plástica reciclada

### Carrefour Bio adota o cinza para ser mais verde

Do cinza-claro das garrafas feitas com 50% polietileno tereftalato reciclado (rPET) ao cinza-escuro daquelas feitas com 100% desse material, esse é o novo visual da garrafa "verde" desenvolvida pela LSDH para o Carrefour, que não hesita em alterar os códigos de cores das garrafas de leite, em que o branco reina supremo. Os consumidores terão de se habituar a isso, porque o produtor e o distribuidor realmente querem suas garrafas de leite em plástico reciclado para reintegrar 100% do material a garrafas novas.

**PRÓS:** LSDH, produtor do leite Carrefour Bio, oferece atualmente seus leites em duas garrafas de polietileno tereftalato reciclado (rPET) opaco. Uma delas tem uma tonalidade cinza-claro porque é composta por 50% de material reciclado e 50% de material virgem; a outra é de um cinza mais escuro, pois é feita com material 100% reciclado. Essas garrafas, que quebram os códigos do mercado do leite, afetam os hábitos de consumo e, portanto, representam um risco real para as vendas. No entanto, permitem ao produtor poupar 143 toneladas de plástico virgem por ano.

"Hoje, devemos conduzir nossos clientes na direção de um consumo mais responsável e ajudá-los a escolher embalagens 100% recicláveis. Essa é nossa responsabilidade como distribuidores; essa é a transição alimentar para todos. Às vezes, nossos consumidores ainda não estão prontos para a mudança. É nosso dever oferecer a eles uma transição por etapas a fim de atingir o objetivo final, que permanece o mesmo: embalagens 100% recicláveis até 2025."

**Bertrand Swiderski**, diretor de sustentabilidade do Carrefour.

## Embalagem plástica reciclada

### WC Net revela e explica a verdadeira cor do plástico reciclado

Por causa da mistura das diferentes cores de embalagens que entram no fluxo de reciclagem, as matérias plásticas recicladas pós-consumo, como o polietileno (PE), são naturalmente cinzentas. Para que isso não influencie a percepção dos consumidores acostumados com o branco, a WC Net, que utiliza esse material sem colori-lo novamente, cobre quase todo o corpo da embalagem com uma manga termorretrátil decorada. No entanto, a marca fez dessa cor cinza, que pode parecer uma desvantagem para seu produto de limpeza, um verdadeiro trunfo. Assim, ela denomina sua embalagem cinza feita com 50% de material reciclado como ecogarrafa e explica que sua abordagem é mais responsável.

**PRÓS:** a WC Net reintegra 50% de material reciclado, sem colori-lo de branco, na produção de sua garrafa de polietileno de alta densidade (PEAD). A cor cinza do frasco só é visível na parte superior da garrafa, que não é coberta pela manga termorretrátil. Esse elemento é dotado de um picote porque, conforme indicado, é imprescindível retirá-lo antes de descartar o recipiente vazio e a tampa no recipiente de coleta seletiva para reciclagem.

## Embalagem plástica reciclada

### Bonduelle usa o princípio de balanço de massa (mass balance) para integrar uma parcela de plástico reciclado em seus pacotes

A espessura dos pacotes de salada verde pronta para consumo da Bonduelle foi reduzida em 12%, e um terço das embalagens da linha de produtos pode conter até 30% de material plástico reciclado. Na verdade, o plástico utilizado pela marca tem certificação de balanço de massa. O princípio, que pode ser comparado ao da compra de energia verde, consiste em adquirir do fornecedor uma quantidade de plástico reciclado que é misturada ao fluxo geral da produção com material fóssil virgem. Esse plástico não será, portanto, necessariamente integrado na fabricação dos filmes das embalagens da Bonduelle. Contudo, mesmo que essa quantidade não esteja presente no pacote, ela é rastreada e a marca tem a garantia de que será utilizada e lhe será atribuída.

**PRÓS:** a Bonduelle pretende reduzir o consumo de plástico virgem gradativamente até eliminá-lo, quando as tecnologias assim permitirem. Utilizar a compra de créditos permite à marca iniciar esse caminho e analisar, passo a passo, a concretização dos seus objetivos.

"Na Bonduelle, assumimos fortes compromissos para reduzir o impacto ambiental de nossas embalagens e incentivar a economia circular. Isso passa por ambições de reduzir o consumo de plástico virgem de origem fóssil e pela reciclabilidade ou reutilização de nossas embalagens. A embalagem de salada com alimentos crus segue esse caminho, integrando as necessidades de praticidade e frescos essenciais para os consumidores de pacotes de salada. Consequentemente, na Bonduelle, nossa escolha voltou-se para manter as embalagens transparentes que incorporam plástico reciclado cuja espessura é reduzida ao máximo."

**Aude-Claire Blanchard**, gerente de RSE da Bonduelle Fresh Europe.

## Embalagem plástica reciclada

### Les 300 Laitiers Bio fabrica pote contendo até 50% de plástico reciclado com certificação de balanço de massa

Para reintroduzir o poliestireno reciclado certificado (rPS) proveniente da reciclagem química em seus potes de iogurte, a marca Les 300 Laitiers Bio usa a abordagem de balanço de massa (*mass balance*) com certificação International Sustainability and Carbon Certification (ISCC). O método consiste em garantir a rastreabilidade de materiais reciclados adquiridos pela marca em toda a cadeia de processamento do produto. A tecnologia de reciclagem utilizada é a despolimerização: o poliestireno (PS) a ser reciclado é transformadc em monômeros de estireno e novamente polimerizado para que se obtenha um material com qualidades idênticas às do PS virgem. Esse material não é necessariamente usado para produzir o pote porque é reintroduzido na massa de produção do fabricante do material.

**PRÓS:** a Les 300 Laitiers Bio está comprometida com a reciclagem e a reintegração de material reciclado junto com seus parceiros, seu fornecedor de matéria-prima e seu fabricante de chapas termoformáveis em plástico coextrudado para uma embalagem que até então não era reciclada. A reciclagem química e a abordagem de balanço de massa, é claro, ainda estão sujeitas a debate. No entanto, trata-se de um verdadeiro avanço de uma esperança real para o estabelecimento do setor de reciclagem de embalagens em poliestireno (PS), que deve estar operacional em 2025.

"Este lançamento ajuda a demonstrar a reciclabilidade circular do poliestireno (PS) para aplicações no setor de alimentos e participa do desenvolvimento concreto dessa cadeia de reciclagem."
**Jérôme Marchal**, gerente de desenvolvimento de embalagens da Eurial Ultra-Frais.

# Embalagem plástica de biomassa ou de recursos renováveis

Dada a consciência do inevitável esgotamento dos recursos e a reação à polêmica imagem dos plásticos petroquímicos, as embalagens feitas de plásticos vegetais, ou bioplásticos, estão se desenvolvendo. Elas se apresentam como alternativas mais sustentáveis. No entanto, não assistiremos a uma substituição massiva. Existem várias razões para essa trajetória dos plásticos provenientes de biomassa ou de recursos renováveis. Em primeiro lugar, o preço: eles ainda são 1,5 a 4 vezes mais caros que os plásticos de origem fóssil. Sua disponibilidade é muito limitada e aleatória. Além disso, resultam em embalagens que lembram, em muitos aspectos, aqueles que substituem: após o uso, eles continuam sendo resíduos de embalagens plásticas. Alguns são recicláveis, outros não; na melhor das hipóteses, são compostáveis industrialmente ou em domicílio. Em qualquer um dos casos, continuam sendo embalagens descartáveis, cuja quantidade no mercado deve ser reduzida. No entanto, as embalagens de bioplástico apresentam grandes vantagens: são provenientes de recursos renováveis, evidentemente, e permitem, dependendo da origem, evitar a emissão de 30% a 75% de $CO_2$.

Vemos surgir, em diferentes mercados, garrafas, frascos, bisnagas e outros recipientes plásticos de origem vegetal. Eles substituem o plástico de origem fóssil, comunicando com maior ou menor veemência essa novidade. Em alguns casos, a menção da origem vegetal é gravada no corpo da embalagem.

Às vezes, é mencionado um percentual de material de origem biológica ou vegetal. A lei atual autoriza os fabricantes a usar até 60% de petróleo para fabricar o bioplástico. Essa parcela passará para 40% em 2025. Para saber mais sobre a verdadeira composição plástica da embalagem, o consumidor curioso pode confiar no rótulo OK Biobased, gerido e controlado pela TÜV Austria Belgium. Assim, se o plástico da embalagem for composto por 40% a 60% de matéria-prima de origem vegetal, ele recebe duas estrelas; para 60% a 80%, três estrelas; para mais de 80%, quatro estrelas.

Além disso, no que diz respeito à composição do bioplástico, em uma nota de posicionamento de janeiro de 2019, o Conselho Nacional de Embalagem (CNE) da França recomenda que, em termos de comunicação, além de indicar os percentuais de material plástico na formulação, também é necessário especificar a natureza do recurso. Ele pode vir de diferentes extratos vegetais, como amido de milho ou de trigo, fécula de batata, bagaço e resíduos de cana-de-açúcar, beterraba ou madeira. A maioria deles são recursos naturais abundantes e de origem francesa, com exceção da cana-de-açúcar, que é cultivada no Brasil, na Índia ou na China. Isso também levanta muitas questões relativas à gestão do uso da terra, às condições de cultivo, à massificação da produção para atender às necessidades, além de ser necessário o transporte dessas matérias-primas até os locais de produção de embalagens localizados a milhares de quilômetros de distância. A produção de bioplástico está, no entanto, começando a se desenvolver, particularmente na Europa e na América do Norte, mas ainda é marginal.

O termo *biobased*, originário de biorrecurso, descreve um produto feito de um material biológico, como recursos vegetais ou animais, resíduos orgânicos, biomassa, etc.; está em oposição a um produto de origem fóssil, como petróleo, gás, carvão, etc. No entanto, como vários estudos apontam, esse termo, quando se trata de embalagens plásticas, não é bem compreendido pelos consumidores. Alguns de fato o consideram de origem biológica ou vegetal, outros o veem como um material reciclado, enquanto a maioria dos consumidores associa o termo à biodegradabilidade das embalagens, o que é falso.

Na verdade, existem vários tipos de bioplásticos:

- os biodegradáveis na compostagem industrial ou em composteiras domésticas individuais e até mesmo coletivas;
- os recicláveis nas cadeias já existentes de embalagens plásticas;
- aqueles que não são nem uma coisa nem outra, não são recicláveis com outros plásticos e não são compostáveis. Esses bioplásticos acabam incinerados ou enterrados com o lixo doméstico.

Para o consumidor, não é fácil de compreender. Ele deve procurar nas informações de triagem da embalagem e nos pictogramas se o material da embalagem é certificado. Uma coisa é certa: na França, desde 1º de janeiro de 2022, é proibido incluir a palavra "biodegradável" nas embalagens (decreto francês 2022-748, de 29 de abril de 2022). Podemos saber se uma embalagem é compostável graças aos pictogramas "OK compost" e/ou à referência à norma em vigor.

Oito embalagens plásticas de biomassa ou de recursos renováveis:

- Lays;
- Tropicana;
- Pressade;
- Léa Nature;
- Pure Nature;
- Clémaflore;
- Akane;
- Cognac A. de Fussigny.

## Embalagem de bioplástico

### Lays usa o processo de balanço de massa para integrar uma parcela de plástico vegetal em seus pacotes

Para introduzir 30% de plástico de origem vegetal em seus pacotes de batatas fritas, a Lays usa a abordagem de balanço de massa (*mass balance*) certificada pela International Sustainability and Carbon Certification (ISCC). Concretamente, a PepsiCo, proprietária da marca, compra uma quantidade de materiais de origem vegetal certificada pelo ISCC, equivalente a 30% da quantidade dos materiais de embalagem que constituem os pacotes que vende anualmente. A matéria vegetal resultante do óleo residual da indústria florestal é incorporada à massa de produção do fabricante de polímeros.

**PRÓS:** a Lays dá um primeiro passo ao introduzir uma porção de material vegetal certificado em seu pacote. A marca estabeleceu como objetivo atingir 100% de aproveitamento desse material renovável até 2030. Essa abordagem faz parte do objetivo da PepsiCo de ser capaz de reduzir em 40% as emissões de gases de efeito estufa por tonelada de material de embalagem produzido.

"A reciclagem de embalagens flexíveis deveria ser a norma em toda a Europa. Vislumbramos um futuro no qual nossos sachês estarão livres de plástico virgem produzido a partir de recursos fósseis. Eles farão parte de uma economia circular próspera em que as embalagens flexíveis serão valorizadas e poderão ser recicladas em novas embalagens. Estamos investindo com nossos parceiros para fortalecer as capacidades tecnológicas para alcançar isso. Precisamos agora de um quadro regulatório adequado para que as embalagens nunca se tornem resíduos."
**Silviu Popovici**, CEO da PepsiCo Europe.

## Embalagem de bioplástico

### Tropicana adota caixa cartonada ecologicamente concebida com 97% de matérias-primas de origem vegetal certificada

Essa caixa cartonada de alimentos está gradualmente próxima de ser feita com 100% de matéria-prima de origem vegetal, pois provém inteiramente dela, com exceção de sua cortiça. No entanto, deve-se notar que o plástico de origem vegetal que entra em sua composição é integrado pelo método de compra de créditos de balanço de massa (*mass balance*).

**PRÓS:** a Tropicana usa plástico vegetal com certificado de balanço de massa para criar a barreira interna de sua caixa cartonada. Esse princípio consiste na compra de créditos de materiais plásticos de origem vegetal em quantidade equivalente à utilizada na embalagem (excluindo a tampa). Assim, a marca investe em setores que utilizam materiais renováveis como substitutos de materiais fósseis e respeita seu compromisso de reduzir e, em última análise, deixar de utilizar materiais de origem fóssil. O papelão, por sua vez, tem certificações FSC® e carbono neutro. Além disso, a caixa cartonada não contém alumínio, que não é essencial em prateleiras refrigeradas. A marca descreve a embalagem como ecologicamente concebida, porque ela permite a redução na fonte de materiais de origem fóssil e é reciclável.

## Embalagem de bioplástico

### Pressade fabrica suas caixas cartonadas com 82% de recursos vegetais

O papel que constitui 75% da composição da caixa cartonada, além de uma parte do plástico que garante sua vedação, bem como sua tampa, são materiais de origem vegetal. No total, as embalagens Pressade passaram a ser fabricadas a partir de 82% de recursos renováveis. Isso permitiu que a marca economizasse 300 toneladas de plástico de origem fóssil nos volumes de 1,5 L, 1 L e 200 mL que colocou no mercado em 2021.

**PRÓS:** a Pressade utiliza uma caixa cartonada que contém 82% de matérias-primas que são originárias de biorrecursos e renováveis. Além de poupar plástico de origem fóssil, essa embalagem possibilita uma redução de até 15% nas emissões de $CO_2$ em comparação com uma caixa cartonada padrão.

## Embalagem de bioplástico

### Léa Nature usa plástico reciclável de origem vegetal

Os frascos de polietileno de alta densidade (PEAD) opacos ou translúcidos da Léa Nature são fabricados de recursos vegetais de cana-de-açúcar. Esse plástico vegetal oferece as mesmas propriedades que o plástico à base de petróleo em termos de proteção e conservação de alguns produtos. Também pode ser recebido pela cadeia de reciclagem de embalagens análogas, pois é idêntica quimicamente. Esses frascos, portanto, são recicláveis e reciclados.

**PRÓS:** a Léa Nature optou por produzir seus frascos, exceto tampas flip top e válvulas pump, usando plástico de origem biológica fabricado no Brasil a partir do etanol da cana-de-açúcar cultivada em planícies a 2.500 km da floresta amazônica, sem organismos geneticamente modificados (OGM), quase sem necessidade de irrigação e não destinada à alimentação. Esse polietileno de alta densidade (PEAD) originário de biorrecursos é reciclável da mesma forma que aquele de origem fóssil. Além disso, reduz as emissões de $CO_2$ pela metade em comparação com um plástico petroquímico. Assim, ao produzir 95% de suas embalagens com esse recurso e ao reciclá-los, a marca contribui para a preservação de recursos naturais e reduz suas emissões de gases de efeito estufa.

"A Léa Nature foi uma das primeiras usuárias desse PE vegetal, há mais de sete anos. Há dois anos, vemos que outras marcas estão seguindo o exemplo. Esperamos que isso leve a um aumento da capacidade de produção de PE a partir de um recurso não fóssil!"

**Philippe Reutenauer**, gerente de projetos de embalagens ecológicas da Compagnie Léa Nature.

## Embalagem de bioplástico

### Pure Nature quer, acima de tudo, abandonar o petróleo para produzir suas embalagens

Produzidas a partir de bagaço, resíduo fibroso da cana-de-açúcar, essas garrafas são apresentadas como petróleo zero, 100% biodegradáveis e 100% compostáveis. Por isso, se acidentalmente se encontrassem perdidas na natureza, desapareceriam em poucos meses sem deixar vestígios, e não em centenas de anos como uma garrafa tradicional. No entanto, é aconselhável tomar alguns cuidados com todas essas alegações surpreendentes que poderiam sugerir que encontramos a solução milagrosa para embalagens plásticas, e lembrar que se trata de embalagens degradáveis em condições industriais, e não em condições normais de abandono.

**PRÓS:** a Pure Nature optou por produzir seus frascos e tampas com peso de 43 g a partir de um recurso vegetal que a marca atesta ser isento de organismos geneticamente modificados (OGM) e sem necessidade de irrigação. Esse plástico transparente originário de biorrecursos, o ácido polilático (PLA) do bagaço da cana-de-açúcar, não é reciclável na cadeia do polietileno tereftalato (PET) de origem fóssil. No entanto, é compostável em ambiente industrial, de acordo com as normas EN 13432 e NFU 44-051.

**PONTOS DE POSSÍVEL MELHORIA:** essa garrafa de 750 mL é mais pesada que uma garrafa de polietileno tereftalato (PET) de mesma capacidade e que pesa em média cerca de 30 g para 1 L. Portanto, seria apropriado reduzir seu peso. Além disso, deve-se lembrar que o ácido polilático (PLA) é um disruptor na triagem e na reciclagem de garrafas de polietileno tereftalato (PET) e que ambos apresentam aparência semelhante para o consumidor. No entanto, as tecnologias de classificação ótica permitem direcioná-lo para os rejeitos de triagem.

"Nosso principal desejo é dispensar o petróleo com uma solução completa: garrafa, tampa e rótulo. Também privilegiamos o fato de ter uma garrafa biodegradável para que seu impacto seja mínimo caso ela escape pelas frestas da triagem seletiva e acabe perdida na natureza. Nesse caso, eu diria simplesmente que apresentamos a vantagem de uma poluição mais limpa."

**Christophe Cortés**, fundador e CEO da Naturaé.

## Embalagem de bioplástico

### Clémaflore mistura cana-de-açúcar e abeto para fabricar sua embalagem

Os materiais plásticos feitos de recursos vegetais visíveis a olho nu têm uma aparência natural que os torna imediatamente mais amigáveis para o ambiente. É o caso do frasco de comprimidos da Clémaflore, composto por 90% de cana-de-açúcar e 10% de fibra de abeto. Mesmo que essa embalagem plástica 100% vegetal deva ser colocada na coletora para triagem, ela não é reciclável com embalagens de polietileno de alta densidade (PEAD).

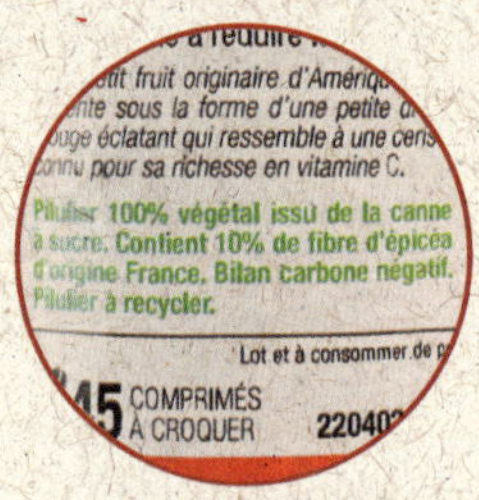

**PRÓS:** a Clémaflore optou por produzir seu frasco de comprimidos a partir de recursos oriundos de biorrecursos, o que permite reduzir sua pegada ambiental.

**PONTO NECESSÁRIO DE MELHORIA:** a marca indica que sua embalagem é "ecorresponsável" e anuncia um "equilíbrio ambiental neutro". Quanto à primeira menção, uma embalagem não pode, de modo algum, ser descrita como ecorresponsável. O decreto 2022-748, de 29 de abril de 2022, do código ambiental francês é claro: "É proibido fazer figurar em um produto ou embalagem novo para o consumidor as palavras 'biodegradável', 'amigo do ambiente' ou qualquer outra alegação ambiental equivalente". A proibição de incluir essa menção ambiental generalizante nas embalagens entrou em vigor em 1º de maio de 2022. No entanto, o artigo R. 541-223 do código ambiental especifica que: "Os produtos ou embalagens se beneficiam de um período de liquidação de estoques até 1º de janeiro de 2023, desde que tenham sido fabricados ou importados antes da data de publicação deste decreto".

Quanto à segunda afirmação sobre a neutralidade de sua pegada de carbono, não é feita qualquer referência à avaliação do ciclo de vida (ACV) ou a qualquer fonte que permita verificá-la. A Lei do Clima e Resiliência prevê, no artigo 12, que é "proibido afirmar em uma publicidade que um produto ou serviço é neutro em carbono ou usar qualquer formulação de significado ou escopo equivalente", a menos que você possa fornecer evidências que comprovem a seriedade da abordagem e o comprometimento do agente. Essa disposição foi esclarecida por dois decretos relativos às alegações relativas à neutralidade de carbono publicadas em abril de 2022 (decretos 2022-539 e 2022-538, de 13 de abril de 2022). É, portanto, apropriado modificar essas menções.

## Embalagem de bioplástico

### Akane utiliza resíduos de aparas de madeira para fabricar seu material de embalagem

Os coprodutos da atividade agrícola e/ou industrial, como os da madeira, por exemplo, são misturados em plásticos originados de biorrecursos para produzir um plástico adequado à produção de embalagens. É o caso do pote de creme cosmético da Akane, constituído de fibras de madeira provenientes da exploração de florestas certificadas misturadas a um polímero de origem vegetal que serve como aglutinante. Isso permite que a marca reduza o uso de materiais virgens e privilegie o uso de fluxos secundários, de segunda geração e de biomassa certificada. Além disso, esse material de embalagem degrada-se na compostagem industrial, de acordo com a norma EN 13432, sem deixar resíduos microplásticos permanentes.

**PRÓS:** a Akane optou por produzir seu pote a partir de biorrecursos, incluindo coprodutos da indústria madeireira. Essa abordagem ajuda a economizar recursos naturais e reduz sua pegada ambiental.

**PONTO NECESSÁRIO DE MELHORIA:** a marca indica que sua embalagem é "100% biodegradável". O decreto 2022-748, de 29 de abril de 2022, do código ambiental francês indica: "É proibido fazer figurar em um produto ou embalagem, novo para o consumidor, as palavras 'biodegradável', 'amigo do ambiente' ou qualquer outra alegação ambiental equivalente". A proibição de incluir a palavra "biodegradável" nas embalagens entrou em vigor em 1º de maio de 2022. No entanto, o artigo R. 541-223 do código ambiental especifica que: "Os produtos ou embalagens se beneficiam de um período de liquidação de estoques até 1º de janeiro de 2023, desde que tenham sido fabricados ou importados antes da data de publicação deste decreto". É, portanto, adequado alterar essa declaração.

## Embalagem de bioplástico

### A. de Fussigny coloca seu conhaque em garrafa de trama de linho

Na família de embalagens feitas com materiais de origem vegetal, a garrafa escolhida pela A. de Fussigny é a que mais se destaca. Essa garrafa é composta por um revestimento de 40% de polipropileno tereftalato reciclado (rPET), em torno do qual as fibras de linho são traçadas em combinação com uma resina proveniente de biorrecursos para endurecê-las. Isso dá a essa garrafa uma aparência tão única quanto natural. Além disso, ela é leve e muito durável.

**PRÓS:** a A. de Fussigny optou por revolucionar os códigos das grandes casas de conhaque ao oferecer sua última safra intitulada 2050 Organic Cognac em uma garrafa muito interessante. Bem sólida, seu peso é de aproximadamente 85 g, enquanto uma garrafa tradicional do destilado pesa entre 700 g e 1 kg. Ela também é constituída de materiais reciclados e renováveis: um revestimento de polietileno tereftalato reciclado (rPET), para garantir suas propriedades de barreira, coberto com um trançado de fibras cilíndricas de linho, conhecidas por sua resistência e leveza, complexadas com uma resina de biorrecursos para garantir modelagem e resistência. O rótulo é feito de polímero natural, que é biodegradável e hidrossolúvel.

**PONTO DE POSSÍVEL MELHORIA:** essa garrafa inovadora ainda não é reciclável nos dispositivos atuais. No entanto, seu fabricante está estudando o assunto e a projetou para que a separação dos diferentes materiais seja possível.

"Temos orgulho de sermos os primeiros a utilizar a Green Gen Bottle® que, além de muito resistente, é dez vezes mais leve que uma garrafa tradicional. Em termos de pegada de carbono, temos o objetivo de que esta seja uma solução com uma das mais baixas emissões de gases de efeito estufa! Nossa primeira produção será de 5 mil garrafas, e não estamos impondo nenhuma exclusividade a ela, para que possa ser amplamente desenvolvida no mercado. Para nós, esta garrafa é uma das soluções de embalagem do futuro para embalagens top de linha. Para o consumidor, é um material a ser descoberto pelo toque, que abala os códigos das garrafas tradicionais e transforma a experiência de degustação."

**Thomas Gonon**, presidente da Maison A. de Fussigny.

# Ultrapassar o obstáculo dos resíduos, avançando para uma maior descarbonização

É necessário constatar que os textos regulatórios podem parecer, no mínimo, contraditórios. Por um lado, pede-se, com razão, que os fabricantes assumam plenamente sua responsabilidade estendida. Eles devem, portanto, estabelecer cadeias de reciclagem o mais rápido possível, de maneira ecológica e economicamente viável, para tratar todos os tipos de resíduos de embalagens plásticas. Sem isso, as embalagens podem ser proibidas até o final da década. Ao mesmo tempo, eles também são convidados a restringir drasticamente a quantidade colocada no mercado. Já lhes foi até anunciado que as embalagens plásticas descartáveis, para as quais eles buscam criar cadeias de reciclagem e que representam a maior parte de sua produção, têm seu fim planejado para 2040. Essa perspectiva futura, parece, portanto, desmotivadora para um investimento industrial.

Além disso, o decreto 3Rs orienta claramente os fabricantes na direção de uma primeira etapa, ainda muito centrada nos resíduos de embalagens, já que a emergência absoluta é o clima. Daí a importância de avaliar cuidadosamente o impacto do carbono das alternativas em embalagens plásticas descartáveis, já que, atualmente, elas já são muito competitivas e ainda têm muito a melhorar. Dito isso, não podemos esquecer que uma alternativa para limitar o aumento dos descartáveis será a utilização múltipla, que consistirá em reutilizar ou reaproveitar várias vezes as embalagens. Mais uma vez, o plástico tem toda a sua razão de ser.

As embalagens plásticas descartáveis continuam a evoluir para utilizarem menos matéria-prima e, sobretudo, para serem mais facilmente recicláveis e integrarem o máximo possível de material reciclado. Então, mesmo que sejam criticadas por todos os lados, elas podem responder com dois argumentos fortes: sua simplicidade para realizar as funcionalidades essenciais e sua circularidade efetiva. No entanto, para que uma embalagem plástica dê voltas e mais voltas, é imperativo que ela disponha de uma cadeia de reciclagem operacional e eficiente, o que ainda está longe de ser o caso para todas elas. Contudo, diante da urgência e da perspectiva de proibição de venda, o esforço dos fabricantes para melhorar a situação nunca foi tão forte.

No âmbito da convocatória de projetos lançada pela Citeo para o desenvolvimento de design ecológico, reciclagem e recuperação de embalagens e do papel na França, vários consórcios foram contratados para estudar a viabilidade técnica e a economia da reciclagem de certos resíduos de embalagens plásticas:

- Para embalagens de poliestireno (PS), o consórcio PS25 reúne comerciantes do setor agroalimentar, como Lactalis-Nestlé Ultra Frais, Grupo Andros, Grupo Bigard, Sodiaal, etc. O objetivo desse grupo de trabalho é criar até 2025 uma cadeia francesa de reciclagem de embalagens de poliestireno, como potes de iogurte ou bandejas de carne, tendo como postulado o retorno ao contato com alimentos. O trabalho está avançando a passos largos e já deu origem a vários anúncios: um compromisso dos agentes do grupo em reaproveitar até 100% do poliestireno reciclado (rPS) e apoiar o financiamento da instalação e do início das atividades da cadeia. E, acima de tudo, ter as usinas de reciclagem operacionais antes de 2025.

- Para embalagens flexíveis, o consórcio Flex25 está estudando a reciclagem de embalagens e de complexos de monorresina de polipropileno (PP), polietileno/polipropileno (PE/PP) e poliolefinas. Duas opções são estudadas: a reciclagem mecânica e a reciclagem química. Sabe-se de antemão que os filmes complexos de polietileno/polietileno tereftalato (PE/PET) e polipropileno/polietileno tereftalato (PP/PET) não são apreciados pelos recicladores, independentemente do processo utilizado. Quanto às embalagens flexíveis de polietileno (PE), o objetivo agora é aumentar o desempenho da cadeia de reciclagem.
- Para bandejas e outros recipientes de polietileno tereftalato (PET), além das garrafas, o consórcio é o PET 25. Um dos principais temas desse grupo de trabalho é a compatibilidade do lacre e dos vestígios de vedação para a reciclagem e, claro, o retorno ao contato com alimentos.

As qualidades inegáveis das embalagens plásticas, como a capacidade de cumprir suas tarefas com pouquíssimo material e o fato de possuírem dispositivos eficazes e sustentáveis de reciclagem, não devem, no entanto, ser um álibi para abrir as comportas para elas. O principal problema é, e continuará sendo, o escoamento de resíduos, que inevitavelmente acabam na natureza e nos oceanos. Como parece impossível estancar essa hemorragia cuja culpa, segundo todos os relatos, é dos outros, é claro que a ação deve se dar no fluxo, limitando as embalagens plásticas descartáveis. Daí a necessidade de medidas restritivas e de uma passagem progressiva às embalagens reutilizáveis, sempre que possível.

Parece importante abordar um outro ponto. Será preciso que os fabricantes autorregulem ou que as autoridades públicas regulem as quantidades máximas de material reciclado reintegrado nas embalagens. Hoje, muitos fabricantes concordam com o fato de que a integração de plástico reciclado na produção de embalagens não é um problema quando você dispõe do material. Isso não é falso. No entanto, se eles produzirem ao mesmo tempo embalagens com 100% polietileno tereftalato reciclado (rPET), enquanto apenas 50% das garrafas colocadas no mercado são recicladas, eles mesmos estarão organizando a escassez. Para que a integração do plástico reciclado avance de maneira harmoniosa e cumpra os objetivos definidos pela União Europeia e pela França, será certamente apropriado estabelecer limites máximos para que haja material reciclado disponível para todos os produtores, grandes e pequenos.

## Revolução da reciclagem simultânea à da embalagem

As novas tecnologias de reciclagem química e enzimática, em fase de desenvolvimento, suscitam grandes esperanças, a ponto de fazer alguns industrialistas e comerciantes pensarem que elas resolverão o problema da reciclagem de embalagens plásticas descartáveis. Ainda que estudos e experimentos em curso pareçam promissores, com as primeiras aplicações chegando ao mercado, ainda há nessa área uma grande imprecisão e muitas dúvidas, tanto em termos regulatórios como de interesse econômico e ecológico.

A reciclagem química de plásticos se refere a todas as tecnologias, como pirólise, hidrólise ou mesmo gaseificação, que permitem transformar polímeros em substâncias químicas, a fim de utilizá-los para produzir novos polímeros cujas propriedades são comparáveis às dos materiais virgens.

Segundo a consultoria Eunomia, especializada no estudo de problemas relacionados ao desenvolvimento sustentável, as três grandes categorias de tecnologias em destaque hoje na área de reciclagem química de polímeros são:

- *Purificação de solventes*: essas tecnologias de reciclagem molecular se baseiam no princípio da solubilidade, o que lhes permite separar seletivamente matrizes de polímeros de qualquer outro material. O polímero é primeiro esmagado e dissolvido em um solvente. Este último provavelmente vai variar dependendo dos polímeros, pois é necessário que o plástico se dissolva rapidamente quando entra em contato com a substância, mas que os outros materiais que o contaminam permaneçam inertes e não se dissolvam. Assim, os sólidos podem ser separados do polímero, que poderá, enfim, ser purificado. Concluído o processo de purificação, o polímero é exposto a uma solução sem solvente (processo de precipitação) para ser usado solidificado. E, então, é considerado como reciclado quimicamente.
- *Despolimerização química*: essa tecnologia consiste em romper a cadeia molecular de um polímero para fazer com que ele retorne a seu estado anterior, de monômero. Uma vez realizada a despolimerização, os monômeros são recuperados para serem purificados por destilação, precipitação ou cristalização.

- *Despolimerização térmica*: essa tecnologia também é conhecida como termólise e consiste em romper as cadeias de polímeros com a ajuda de um tratamento térmico. A pirólise, tecnologia amplamente utilizada para a reciclagem química de polímeros, começa aí.

Convém destacar, no entanto, que todas essas tecnologias ainda estão em fase de testes. Elas devem permitir um verdadeiro salto verde de desempenho e fortalecimento da economia circular dos plásticos, complementando a reciclagem mecânica, especialmente no caso de resíduos mais complexos, como os mistos, os contaminados e os plásticos mais difíceis de reciclar. No entanto, seu desenvolvimento e lançamento em escala comercial são ainda incertos e dispendiosos. Além disso, os rendimentos industriais relativos a esses processos são atualmente estimados em menos de 50%, o que parece ser o mínimo necessário para falar de reciclagem e economia circular nos termos dos textos regulatórios atuais.

Essas tecnologias também são alvo de críticas cada vez mais fortes por parte de ONGs ambientais. São denunciadas, sobretudo, por seu relevante consumo de energia e sua pegada de carbono. Essa preocupação é compartilhada pela Agência Europeia dos Produtos Químicos (ECHA, na sigla em inglês), que publicou um relatório sobre o assunto em agosto de 2021. Temores também têm sido levantados por parte dos agentes da cadeia de reciclagem mecânica de plásticos. Alguns têm o receio de que a expansão comercial dos operadores de reciclagem química conduza a uma maior concorrência no mercado de resíduos. O maior risco é que os resíduos plásticos mais fáceis de processar mecanicamente não sejam encaminhados para os locais de reciclagem química.

Outra tecnologia também está nas manchetes. É a reciclagem enzimática de plásticos, com a qual a empresa francesa Carbios se destaca. Utilizado para tratar resíduos de PET, o método consiste em quebrar as cadeias de polímeros, realizando, assim, a despolimerização com a ajuda de enzimas. Segundo a Carbios, essa técnica permitiria tratar todos os tipos de resíduos PET, qualquer que seja a qualidade ou a coloração, portanto, abriria caminho para a reciclagem infinita. A empresa está agora se preparando para passar para a fase industrial, com a criação de uma unidade de referência no território europeu.

Essas novas tecnologias de reciclagem de embalagens plásticas revelam uma forma de integração virtual de material reciclado nas embalagens, acompanhada de jargões e siglas mais ou menos compreensíveis. Vemos surgir cada vez mais publicidades sobre embalagens mencionando a integração de material quimicamente reciclado por meio do método de balanço de massa (*mass balance*), certificado por organizações privadas como International Sustainability and Carbon Certification (ISCC), REDCert2 ou Roundtable on Sustainable Biomaterials (RSB) da Fundação Ellen MacArthur, dando a entender que o material reciclado seria reintegrado à embalagem. O próprio princípio de uma publicidade que menciona uma quantidade de material reciclado supostamente incorporado à embalagem, mas sem rastreabilidade e com a alocação física de um volume preciso e significativo de material que não pode ser garantida, é completa e simplesmente contrário à regulamentação em vigor e a todos os princípios éticos.

A alocação de material reciclado a partir do método de compra de créditos de balanço de massa não pode, de forma alguma, garantir a presença física na embalagem nem uma proporção contida na escala de produção da embalagem. Convém, portanto, ter muita precaução com o uso de declarações ambientais relativas a esses novos processos de reciclagem.

Chegou a hora de colocar tudo isso em ordem. Se é inegável que os processos de reciclagem química podem constituir uma solução complementar à reciclagem mecânica para melhorar o desempenho da reciclagem de resíduos de embalagens plásticas domésticas, é difícil afirmar, até a presente data, uma reintegração desses materiais nas embalagens. O que parece estar em contradição com o fato de que, para embalagens de polietileno (PE), polipropileno (PP) ou poliestireno (PS), a reciclagem química permite a reintegração de materiais reciclados adequados para contato com alimentos. A definição de um quadro normativo mais específico, francês e europeu, se tornou essencial. Esperemos que venha o mais rápido possível, sobretudo com a revisão da diretiva de embalagens e resíduos de embalagens. Especialmente porque os plásticos de biorrecursos, por exemplo os provenientes de resíduos verdes, também usam o sistema de balanço de massa.

Além disso, apostar na reciclagem e na incorporação de materiais reciclados de embalagens é certamente fundamental para a gestão de nossos recursos e para limitar a poluição, mas isso não deve ser feito em detrimento do impacto ambiental que ameaça a todos nós: o aquecimento global. O desafio a assumir, simultaneamente ao tratamento de nossos resíduos, é a redução das emissões de $CO_2$. Durante uma conferência, Jean Jouzel, paleoclimatólogo francês, membro do Painel Intergovernamental de Peritos em Mudanças Climáticas (GIEC, na sigla em francês) desde 1994 e vice-presidente do grupo de trabalho sobre as bases físicas das mudanças climáticas de 2002 a 2015 na mesma instituição, declarou sobre as embalagens: “sem dúvida, a embalagem representa uma pequena parte do impacto de carbono de um produto embalado, no entanto, para atingir nossos objetivos de redução, as embalagens também terão de atingir a neutralidade de carbono”.

Essas novas soluções de reciclagem para determinadas embalagens plásticas, que até agora eram incineradas ou enterradas, têm um impacto mais relevante no aquecimento climático do que a reciclagem mecânica. As soluções alternativas para embalagens plásticas atualmente em teste também apresentam um impacto superior. Para ir além dos resíduos, avançando em direção à descarbonização, as escolhas também podem ser um dilema. No entanto, a resposta a essas questões legítimas talvez esteja oculta na hierarquia do código ambiental para tratamento de resíduos, que coloca a reutilização de embalagens no fim da sua vida útil, antes da reciclagem.

Capítulo 7

# REUTILIZAÇÃO E REAPROVEITAMENTO

## RUMO A NOVOS MODELOS DE EMBALAGENS

Na conclusão da parte I deste livro, dedicada ao primeiro período da revolução da embalagem, escrevi: “A reutilização e o reaproveitamento estão batendo à porta dessa revolução para impedir o descarte sistemático em setores nos quais ele nem sempre se justifica”. Agora, a porta está bem aberta. No entanto, muitos agentes a cruzam com soluções de embalagem que ainda não atendem a todos os requisitos, tanto do ponto de vista regulatório como das funcionalidades obrigatórias. A maioria dos refis colocados no mercado pode ser qualificada como embalagem leve descartável, porque oferecem exatamente a mesma função de uso da embalagem que deveriam preencher. Portanto, não são refis no sentido estrito do termo, conforme a definição da estratégia 3Rs.

Em relação às vendas a granel, as embalagens vazias colocadas à venda nas prateleiras são, em sua maior parte, embalagens-padrão descartáveis com o selo “reutilizável” vendidas a preços elevados.

Quanto às embalagens reaproveitáveis pelas indústrias, já existem algumas, principalmente as garrafas de vidro oriundas do circuito de cafés, hotéis e restaurantes (CHR). Portanto, para experimentar o reaproveitamento, muitos produtores ainda não têm outra escolha senão utilizar embalagens inicialmente projetadas como descartáveis. Mas as coisas estão mudando e novas soluções são imaginadas e experimentadas em cada região da França, principalmente por iniciativa de start-ups ou de associações locais, além de alguns fabricantes que as arriscam.
A lei antidesperdício para uma economia circular (Agec) da França solicitou também às empresas aprovadas para a gestão de resíduos de embalagens domésticas que definam os padrões de embalagens reaproveitáveis no setor de restaurantes e para produtos como frios e bebidas.

A Citeo tomou as rédeas do assunto, e as coisas estão avançando rapidamente, porque os prazos para alcançar os objetivos ambiciosos definidos nos textos regulatórios se aproximam.

# Embalagens recarregáveis e refis, reutilizáveis e reaproveitáveis

Na parte I deste livro, dedicada ao primeiro período da revolução da embalagem, evoquei as embalagens recarregáveis, reutilizáveis e reaproveitáveis em vários capítulos dedicados aos seguintes materiais:

- Plásticos e compósitos que me pareciam ter um futuro brilhante na área de reutilização e reaproveitamento.
- Vidro, um material óbvio para reaproveitamento porque já era muito utilizado no circuito fechado do setor de bebidas.
- Aço, especialmente aço inoxidável, que me pareceu, como o vidro, um material legítimo para reaproveitamento.

Em apenas dois anos, as coisas também mudaram consideravelmente. Em primeiro lugar, em termos de textos de referência, especialmente no que diz respeito ao esclarecimento sobre os termos "refil", "embalagem reutilizável" e "embalagem reaproveitável", e também no nível de estudos e experiências, que se multiplicam em diferentes direções. A partir de agora, o conceito de embalagem multiúso inclui uma variedade de abordagens. Por isso, podemos falar em três famílias principais desse tipo de embalagens:

- Embalagem recarregável em casa com refil.
- Embalagem reaproveitável em condições industriais.
- Embalagem e recipiente reutilizáveis para venda a granel.

# Embalagem recarregável em casa com refil

O princípio da embalagem recarregável deve ser considerado um sistema composto por dois elementos distintos: a embalagem ou o recipiente recarregável e a embalagem do refil. A respeito da embalagem a ser recarregada, muitos fabricantes de produtos embalados inicialmente em embalagens descartáveis não hesitam em declará-las como recarregáveis a partir do momento em que colocam à venda o mesmo produto em um refil. Embalagens vazias destinadas a serem preenchidas por refis, que geralmente são embalagens mais leves, também são comercializadas ou mesmo oferecidas em ações promocionais. Por fim, vemos o surgimento, principalmente no setor de cosméticos, de recipientes específicos destinados a acomodar refis, fabricados em materiais nobres ou mais duráveis. Em relação ao refil, também existem vários tipos. Os mais comuns são sachês flexíveis que devem ser esvaziados para reabastecer embalagens rígidas, frascos ou garrafas. Outros são embalagens leves muito básicas, para serem colocadas dentro de recipientes adaptados ao uso, a fim de permitir o uso fracionado.

Convém recordar um fato óbvio que não parece claro para todo mundo: um refil é, acima de tudo, uma embalagem descartável. Trata-se, sem dúvida, de uma embalagem intermediária simplificada e leve, destinada ao reabastecimento de uma outra mais luxuosa; no entanto, essas propriedades, bem como a duração do uso da embalagem e/ou sua utilização fracionada, não constituem critérios para excluí-lo da definição de embalagem descartável. Ainda que um refil permita minimizar o volume de resíduos de embalagens, ele não deixa de ser um desses resíduos que, ao final de sua vida útil, devem ser reciclados.

O esboço da definição de refil escrito em vários parágrafos da estratégia 3Rs poderia nos levar a reclassificar como embalagem simples descartável muitos refis atualmente comercializados no mercado. Está especificado nos textos "que um refil não deve ser capaz de ser usado de modo independente ou como tal", e sim "ser concebido com isofuncionalidades da embalagem que deve voltar a encher".

Se respeitarmos estes pontos de maneira literal, os sachês flexíveis com tampa de rosquear, que oferecem quase as mesmas funcionalidades dos frascos rígidos, também equipados com tampa de rosquear ou tampa flip top, não seriam refis. Na melhor das hipóteses, qualquer que seja o formato, seriam uma embalagem com peso reduzido. Embora a estratégia 3Rs não seja um texto regulatório, é apropriado interpretá-la como um forte sinal de alerta para avançar na direção de soluções de refis que não apresentem qualquer ambiguidade. Além disso, já estão surgindo várias soluções para tornar os refis mais aceitáveis. Quando eles conservam a tampa, destinam-se ao enchimento de frascos equipados com bomba. Ou a tampa às vezes é substituída por um zip para possibilitar um movimento de abertura, serviço e fechamento.

Outra maneira de projetar um carregamento perfeito, quando possível, é atuar também na formulação do produto. Oferecer uma fórmula concentrada do produto, ou seja, menos diluído em água, tem o efeito de reduzir o volume a ser embalado e, portanto, a quantidade de plástico. Com uma fórmula desidratada em pó ou compactada, possibilita-se não só o uso de uma quantidade mínima de embalagens, mas também, em muitos casos, sem plástico. Além disso, com esse tipo de refil, a embalagem a ser recarregada ainda é fácil de preencher. Por fim, adicionar água ao reabastecer uma embalagem para diluir a fórmula realmente não é complicado.

Recordemos brevemente que um sistema de embalagem recarregável naturalmente mais respeitoso com o meio ambiente tem a vantagem adicional de fidelizar o utilizador. Se o conjunto de frasco e refil for perfeitamente desenhado e a experiência de uso for tão fácil quanto gratificante, isso ajuda a incentivar o consumidor a continuar usando o produto por meio de refis em vez de ser tentado a passar para a concorrência na próxima compra. As marcas aguardam a oportunidade de resolver dois problemas com uma única ação: melhorar seu impacto ambiental ao mesmo tempo que retêm seus clientes.

Catorze embalagens recarregáveis e seus refis:

- Le Petit Marseillais;
- Nesquik;
- Mir Vaisselle;
- Susanne Kaufmann;
- Carte Noire;
- N.A.E.;
- Ultra Doux;
- Skip;
- You;
- Robinwood;
- JU;
- Nivea;
- 900.care;
- La Crème Libre.

## Embalagem recarregável em casa com refil

### Le Petit Marseillais incentiva consumidor a recarregar seu frasco

Agora está escrito na tampa do frasco reciclável de creme de banho: "Eu sou recarregável". Assim, cada vez que o frasco é utilizado, Le Petit Marseillais reforça a mensagem aos seus consumidores e incentiva-os a adotar seu refil ecológico. Graças à simplicidade e ao equilíbrio no material do refil, a marca usa 85% menos plástico em relação ao frasco cada vez que ele é recarregado em casa.

**PRÓS:** a Le Petit Marseillais oferece um refil ecológico de 250 mL em plástico flexível que não é novidade, pois a marca já o comercializava há muito tempo em outras opções de sua linha. Em um único uso, ele economiza 85% de plástico em comparação com o frasco que enche. Indicar na tampa que ela é recarregável demonstra um desejo real da marca de incentivar seus consumidores a adotarem a reutilização, a fim de ajudá-la a reduzir seu uso de plástico descartável.

**PONTO DE POSSÍVEL MELHORIA:** o frasco é reciclável nos canais existentes, mas o refil ainda não. Le Petit Marseillais terá de se debruçar sobre esse assunto para que sua proposta seja irrepreensível.

"Desde 1992, Le Petit Marseillais democratizou o princípio do reabastecimento em higiene e beleza. As icônicas embalagens são continuamente melhoradas, de modo a reduzir o peso do plástico; hoje, elas possibilitam economizar 85% de plástico em comparação com um frasco de gel de banho BIO de 250 mL."

**Élise Courson**, diretora da marca Le Petit Marseillais.

## Embalagem recarregável em casa com refil

### Nesquik oferece refil ecológico feito de papel reciclável

O refil ecológico da icônica caixa amarela em polietileno de alta densidade (PEAD) da Nesquik é feito com 97% de papel reciclado. Os 3% restantes são compostos por um material plástico que permite que o sachê seja lacrado e garante suas propriedades de barreira. A caixa, muito prática, às vezes era reaproveitada pelo consumidor para armazenar e organizar várias coisas. Graças a esse refil ecológico reciclável, a embalagem se torna recarregável em casa pelo consumidor.

**PRÓS:** a Nesquik oferece um refil ecológico com capacidade de 430 g, quase inteiramente constituído por papel reciclado com certificação FSC®. Isso permite que a marca economize recursos naturais graças a um material renovável e reciclado, mas também proporciona a uma embalagem descartável uma vida eterna. Esse refil ecológico também é reciclável após o enchimento da caixa plástica.

"Este novo sachê visa reduzir as embalagens, incentivando as famílias a perpetuarem a caixa plástica graças aos seus sucessivos reabastecimentos. Isso ilustra nosso compromisso em tornar 100% de nossas embalagens recicláveis ou reutilizáveis até 2025, e o nosso desejo de apoiar as famílias rumo a um futuro com menos desperdício, conscientizando-as sobre o reaproveitamento."

**Martine Grazioco**, gerente geral de laticínios da Nestlé na França.

## Embalagem recarregável em casa com refil

### Mir Vaisselle apresenta seus Purs Secrets em frasco recarregável equipado com válvula pump e refil econômico

Para embalar sua fórmula Ecolabel mais respeitosa com o meio ambiente e distribuir a dose certa para cada prato, a Mir Vaisselle usa um frasco em plástico 100% reciclado, equipado com válvula pump. A marca também oferece sua fórmula em um refil de plástico reciclável que permite economizar 70% de plástico cada vez que o frasco é preenchido novamente.

**PRÓS:** a Mir Vaisselle observa que seu frasco de polietileno tereftalato reciclado (rPET), com capacidade de 420 mL e equipado com uma válvula pump composta por vários elementos plásticos, pode ser utilizado várias vezes. Ao oferecer um refil reciclável de polietileno (PE) de 420 mL que permite encher o frasco todo de uma só vez, a marca poupa uma quantidade significativa de plástico descartável.

"Os consumidores colocam o plástico e a reciclabilidade como as principais problemáticas ambientais. Como uma agente importante no mercado de líquidos para lavagem de louça, a Mir Vaisselle deve lhes fornecer apoio adotando uma abordagem global 3Rs: reduzir, reutilizar, reciclar. Por isso, queremos democratizar o sistema de refil."

**Laëtitia Sueur**, gerente da marca para lava-louças, inseticidas, cuidados domésticos e aromatizadores de ar.

## Embalagem recarregável em casa com refil

### Susanne Kaufmann opta por refil minimalista

Esta embalagem atende aos princípios básicos do design ecológico que consistem em projetar soluções feitas de um único material e com o mínimo de componentes possível. Metade sachê flexível, metade frasco, ela pesa até 60% menos que um frasco plástico tradicional com a mesma capacidade. A estrutura e o dispositivo dosador são moldados por extrusão e sopro a partir de uma única camada de polietileno de alta densidade (PEAD). Sua marcação a jato de tinta é tão parcimoniosa quanto sua apresentação de vendas, que é uma simples caixa de papel-cartão. O conjunto permite minimizar o desperdício de embalagens e, ao mesmo tempo, ser totalmente reciclável.

**PRÓS:** a Susanne Kaufmann escolheu a Simple One, um frasco flexível e leve com capacidade para 250 mL. Trata-se de uma solução de carregamento minimalista e simplificada, inteiramente composta por polietileno de alta densidade (PEAD) de 250 mL equipado com bomba da marca, que permite que se reabasteça o frasco de vidro de uma só vez. A marcação do refil e a embalagem primária são feitas com o mesmo espírito de simplicidade. Isso permite uma economia substancial de materiais e gera resíduos de embalagens facilmente recicláveis.

## Embalagem recarregável em casa com refil

### Carte Noire apresenta um refil ecológico abre-e-fecha

O pote de vidro e a tampa plástica constituem uma embalagem prática e protetora que, dadas as suas qualidades, pode ser utilizada várias vezes. Propor um refil ecológico de plástico flexível com a mesma capacidade que o frasco representa uma economia em material de embalagem que ultrapassa 95%! Essa economia poderia ser ainda mais significativa se a embalagem não pudesse ser fechada novamente com um zip.

**PRÓS:** a Carte Noire oferece um refil ecológico de 180 g em plástico macio para recarregar seu pote de vidro com a mesma capacidade. Cada vez que é recarregado, a economia em peso de material de embalagem é considerável, assim como o impacto no aquecimento global. De fato, inúmeras avaliações do ciclo de vida demonstram que embalagens de vidro recicláveis reutilizadas várias vezes permitem importantes reduções da emissão de $CO_2$.

**PONTO DE POSSÍVEL MELHORIA:** se considerarmos, como está escrito na estratégia 3Rs, que um refil ecológico não deve ser utilizado de forma independente do modo como está, o fato de fornecer o pacote flexível com zip para fechá-lo incentiva essa prática. Exceto se considerarmos que o refil pode ser usado para encher dois frascos de vidro de 180 g ou dois frascos de vidro de 100 g, todos da mesma marca. No entanto, para reduzir o peso desse refil ecológico, seria apropriado retirar esse zip e, quem sabe, oferecer um segundo formato com capacidade de 100 g.

## Embalagem recarregável em casa com refil

### N.A.E. vende frasco vazio para ser enchido com refil ecológico

A venda de embalagens vazias, qualificadas como reutilizáveis, ao lado de refis ecológicos para preenchê-los, é uma nova oferta que está se desenvolvendo nas prateleiras de produtos de limpeza e higiene. No caso da N.A.E., o frasco vazio é feito de polietileno tereftalato reciclado (rPET) e é equipado com válvula pump feita de plástico virgem. O refil ecológico, um doypack em plástico flexível, permite encher a garrafa duas vezes. A decoração é um verdadeiro argumento a favor da redução do desperdício de plástico graças a um modo de usar ilustrado passo a passo.

**PRÓS:** a N.A.E. oferece um refil ecológico de 500 mL que usa 80% menos plástico do que seriam usados em dois frascos descartáveis sem a válvula pump. A marca insiste no fato de que a válvula permite dispensar a dose certa. Sua solução permite, portanto, poupar o produto, evitando o uso de uma dose maior do que a necessária, e o emprego de materiais de embalagem. Por fim, ajuda ainda a reduzir os resíduos plásticos.

**PONTO DE POSSÍVEL MELHORIA:** não podemos mais considerar esse tipo de embalagem flexível, equipado com tampa de rosca, como refil. Elas podem ser usadas de modo independente no banho sem necessariamente usar o frasco com a válvula pump. Mesmo que esse "refil ecológico" permita encher duas vezes a garrafa de 250 mL, uma garrafa de 500 mL e uma recarga sem tampa de rosca melhorariam significativamente o impacto dessa solução e contribuiriam para reduzir ainda mais a quantidade de resíduos.

## Embalagem recarregável em casa com refil

### Ultra Doux oferece frasco recarregável na compra do refil

O frasco recarregável de 500 mL é feito de alumínio e vem equipado com válvula pump constituída por vários materiais plásticos. A Ultra Doux oferece o frasco vazio na compra do refil ecológico de plástico flexível da mesma capacidade. Desse modo, a marca incentiva seus consumidores a adotarem uma nova prática adequada: a reutilização em seu banheiro.

**PRÓS:** a Ultra Doux faz o esforço de oferecer o frasco de alumínio. Isso demonstra um desejo real da marca de se comprometer a reduzir suas embalagens descartáveis de plástico virgem ou reciclado. A empresa explica em um comunicado de imprensa que a utilização desse sistema permitiria economizar 1,8 milhão de frascos plásticos por ano. Para atingir esse número, a marca calculou distribuir 245 mil frascos de alumínio de 500 mL e espera que eles sejam reabastecidos cinco vezes por ano.

**PONTO DE POSSÍVEL MELHORIA:** a tampa de rosca do refil de plástico flexível é supérflua, dado que permite encher o frasco de alumínio de uma só vez. Eliminá-la transformará a embalagem em um verdadeiro refil na acepção da estratégia 3Rs. Não será mais possível usá-la independentemente, da maneira como está, para consumir o xampu, e ela permitirá que se empregue ainda menos plástico.

## Embalagem recarregável em casa com refil

### Skip concentra sua fórmula para reduzir o volume de seu refil ecológico

A redução do consumo de embalagens plásticas descartáveis passa pelas embalagens recarregáveis e também pela redução de volume do refil. Com sua fórmula concentrada para ser diluída, o refil Skip 0,5 L, feito de filme plástico flexível, é menor e, portanto, economiza 90% de plástico cada vez que um recipiente da marca com capacidade de 1,7 L é reutilizado.

**PRÓS:** a Skip oferece um refil flexível de 0,5 L que, quando o conteúdo é diluído em 1 L de água, permite obter 1,5 L de detergente. Essa solução transforma um recipiente descartável constituído por 100 g de plástico polietileno de alta densidade (PEAD) em embalagem quase infinitamente reutilizável e, com isso, permite economizar uma grande quantidade de plástico durante toda a sua vida útil.

"Ao desenvolver a fórmula do detergente a ser diluído, era importante que a Skip oferecesse exatamente o mesmo desempenho de lavagem e nível de fragrância do produto original. Além disso, o produto deve ser muito simples e rápido de preparar, para que a diluição adicional necessária feita pelo consumidor não se transforme em uma tarefa árdua. Essa é a chave para adotar a nova embalagem, mais benéfica para o planeta."

**Alexandre Francisco**, gerente de marketing da marca Skip da Unilever.

## Embalagem recarregável em casa com refil

### You facilita recarga com embalagem pequena que contém fórmula concentrada

Esta solução de carregamento doméstico não é nova, mas continua exemplar. O pequeno refil ecológico da You, que contém 17 mL de produto ultraconcentrado, facilita muito o reabastecimento do frasco de 500 mL, vendido cheio nas prateleiras. Embora a relação peso/volume transportado para ter a mesma quantidade de produto em casa seja verdadeiramente otimizada, ainda há espaço para melhorias.

**PRÓS:** a You vende um refil ecológico de plástico com 17 mL de fórmula concentrada. Misturado com água em casa, ele permite obter 500 mL de produto pronto para consumo. O sistema de recarga que a marca oferece é muito prático. Ele é aparafusado no frasco e o conteúdo esvazia-se automaticamente no interior.

**PONTO DE POSSÍVEL MELHORIA:** esse refil ecológico pequeno pesa cerca de 10 g. Seria, sem dúvida, apropriado reduzir o seu peso tanto quanto possível, a fim de melhorar ainda mais o impacto ambiental.

"Os refis já têm mais de dez anos e na altura de seu lançamento eram uma pequena revolução no mercado. Eles são um concentrado de tecnologias e representam perfeitamente o desejo da You em termos de inovação contínua e redução do impacto ambiental da marca. Graças a eles, economizamos cerca de 80% de plástico em comparação com sprays prontos para uso, e a pegada de carbono durante o transporte é reduzida em cinco vezes. Além disso, seu design exclusivo e patenteado permite o uso de um produto fácil e seguro, sem necessidade de CRC (material termoplástico de alta resistência). Hoje, o maior desafio para esse pequeno formato concentrado está na educação do consumidor. É necessária muita pedagogia para explicar o conceito e acostumar o consumidor a esse gesto que, para ele, pode ser bastante desconcertante. Agora é nesse eixo que trabalhamos: explicar para democratizar."

**Maxime Eybert**, gerente júnior de marca Maison Verte & You da Henkel.

## Embalagem recarregável em casa com refil

### Robinwood concentra ao máximo a fórmula líquida para tornar sua embalagem plástica mais leve

Uma embalagem plástica leve para fazer 250 mL de gel de banho em um frasco reutilizável: esse é o objetivo anunciado pela Robinwood. De fato, seu sachê flexível que contém 25 mL de gel concentrado, quando tem o conteúdo diluído em 225 mL de água, pesa apenas 1 g. É isso que permite à marca afirmar em sua publicidade que ela está a 1 g do desperdício zero.

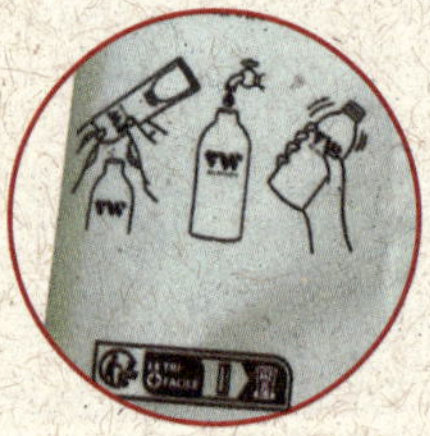

**PRÓS:** a Robinwood embala seus refis de 250 mL de fórmula líquida ultraconcentrada em sachês flexíveis de polipropileno (PP), o que permite reduzir significativamente o uso de plástico. No entanto, mesmo que esse monomaterial flexível seja considerado reciclável, porque agora dispõe de uma cadeia na França, o tamanho da embalagem está bem abaixo das cotas que permitem sua captura em centros de triagem. É o inconveniente de sua vantagem inegável, como muitas vezes acontece com embalagens extremamente reduzidas e com pouco material. A garrafa em alumínio de 250 mL proposta pela marca pesa 36 g. Ela é, por sua vez, perfeitamente reciclável. É equipada com válvula pump de monopolietileno (PE) sem mola, também reciclável.

"A aventura Robinwood é a promessa de soluções ecológicas cruciais para lutarmos juntos contra o desperdício cotidiano e os resíduos sem mudar nossos hábitos ou nosso orçamento. Nosso primeiro produto é um gel de banho natural para ser diluído, pronto instantaneamente e a 1 g do desperdício zero! Essa solução também evita transportarmos a água, que você tem na torneira, ou seja, 95% menos emissão de $CO_2$."

**Robin Marais**, fundador e CEO da Robinwood.

## Embalagem recarregável em casa com refil

## JU desidrata sua fórmula para embalá-la em menos plástico

Com sua fórmula em pó, a JU dispensa o plástico, ou quase. Ainda resta uma pequena quantidade em seu sachê, constituído majoritariamente de papel, e na válvula pump de seu frasco recarregável. Contudo, o sachê que contém o pó é parcialmente reciclável, e a válvula, assim como o frasco de vidro, é reutilizável por muitos anos.

**PRÓS:** a JU oferece uma fórmula desidratada em pó para diluição. Isso permite usar um sachê constituído majoritariamente por papel para acondicioná-lo e torná-lo um resíduo de embalagem reciclável na indústria de papel. Assim, a marca respeita o seu compromisso: “lutar contra a poluição plástica nos oceanos enquanto continuamos a consumir bons produtos de higiene”.

“Um gel de banho é composto por 80% ou até 90% de água. Água que temos em casa e que poderíamos evitar transportar. Especialmente porque os recipientes são em sua maioria de plástico descartável. Depois jogamos fora essa garrafa para comprar sempre exatamente a mesma coisa, repetidas vezes. Nosso gel de banho é recarregável. Com a JU, é *bye-bye* plástico, *ciao* transporte de água e 100% prazer. Como funciona? Entregamos em sua casa uma garrafa em vidro seguro, com garantia vitalícia, e um refil de gel de banho em pó. A ele você adiciona um pouco de água, agita e obtém seu gel de banho!”

**Karline Hamain**, cofundadora da Juliette.com.

## Embalagem recarregável em casa com refil

### Nivea apresenta fórmula em tablete para permitir fácil reabastecimento de seu frasco com válvula pump

Tudo foi estudado para permitir que os consumidores passem facilmente à reutilização doméstica. Primeiro, o kit inicial: o consumidor compra um frasco dispensador vazio e um tablete da fórmula concentrada, embalado em sachê individual. Coloca-se o tablete no frasco, que deve ser enchido com água para resultar em 250 mL de sabão líquido pronto para uso. A partir da primeira utilização, o cliente da marca compreende o conceito. Depois, ele pode comprar os comprimidos que são embalados em invólucros constituídos majoritariamente por papel, hermeticamente fechados e impermeáveis.

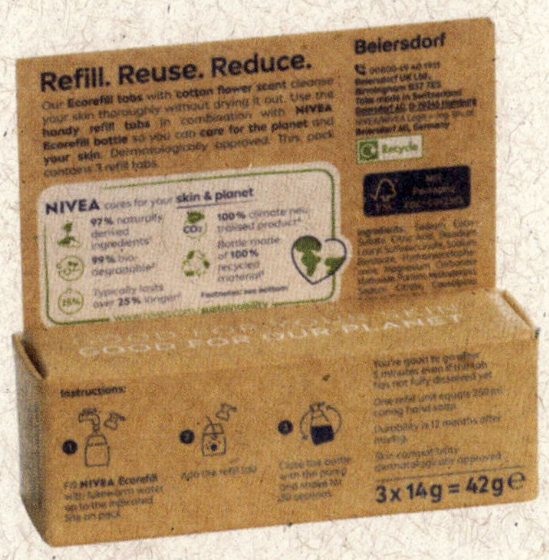

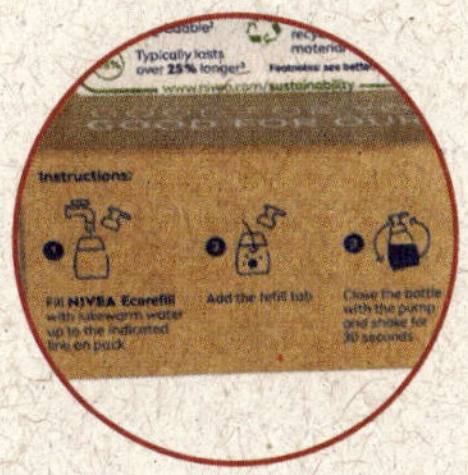

**PRÓS:** a Nivea oferece primeiramente aos seus clientes a oportunidade de adquirir um kit inicial para se familiarizar com o carregamento em casa. Esse kit é composto por um frasco vazio de 250 mL em polietileno tereftalato reciclado (rPET) e um primeiro tablete de 14 g de fórmula concentrada embalada em sachê constituído principalmente de papel. O conjunto é agrupado em uma embalagem de papel-cartão. Os refis, desidratados e compactos em formato de comprimido, são também vendidos separadamente, em conjuntos de três, em um invólucro composto por papelão e uma fina camada plástica em seu interior para garantir a impermeabilização. Essa solução permite reduzir o consumo de plástico e a produção de resíduos de embalagens, e ainda limita consideravelmente as emissões de $CO_2$, tanto em termos de fórmula como de embalagem.

**PONTO DE POSSÍVEL MELHORIA:** os invólucros em papelão dessa proposta são impressos em papelão branco, para dar uma aparência de papel kraft, o que consome muita tinta. Seria adequado usar o papel kraft diretamente ou rever o fundo colorido.

"O refil ecológico é uma das áreas de investigação na transição para produtos que respeitem mais nosso meio ambiente. O objetivo final é reutilizar recipientes para minimizar o desperdício. Essa pista é uma extensão do trabalho que efetuamos para reduzir o peso de nossas embalagens. A ideia do nosso refil ecológico é vender um kit inicial contendo um frasco vazio de polietileno tereftalato reciclado (rPET), bem como refis desidratados de pó compactado solúvel em água. Basta preencher o frasco com água, adicionar o tablete concentrado e sacudir. Isso nos permite reduzir nosso impacto de $CO_2$ em 74% na embalagem e 82% na fórmula. No entanto, o mais interessante reside no fato de que vendemos os refis em pó compactado separadamente. Não há necessidade de comprar o frasco ou a válvula pump, nossas consumidoras irão reutilizar as que já têm. Repetindo, trata-se de uma solução transitória e, no futuro, possivelmente não venderemos mais o frasco, a não ser separadamente e, se for necessário, apenas os refis concentrados."

**Jérôme Lerouge**, chefe de desenvolvimento de embalagens da Nivea.

## Embalagem recarregável em casa com refil

### 900.care separa desodorante em barra de seu mecanismo de distribuição para tornar o conteúdo recarregável

As embalagens plásticas que contêm desodorantes em barra, com o mecanismo composto por várias peças que permite fazê-los subir e descer, são consumidores de material plástico. Como sua qualidade lhes permite uma vida útil muito longa, elas não são funcionais apenas enquanto seu conteúdo está sendo usado. Com seu recipiente de plástico bem-feito, equipado com um mecanismo interno que acomoda um refil reduzido, a 900.care permite que os clientes utilizem a embalagem por dois anos. Quanto ao refil, utiliza uma pequena base de plástico sobre a qual repousa uma barra envolvida em uma folha de papel-cartão dobrada e uma tampa que o protege. Para a marca, essa solução de embalagem recarregável contribui para a economia de plástico, mas também é necessário reduzir os resíduos plásticos que não são reciclados.

**PRÓS:** a 900.care demonstra, com seu sistema de desodorante recarregável, que o plástico pode ser justificável na produção de recipientes e de embalagens multiúso. A marca também apresenta sua solução como mais econômica por não exigir que o consumidor compre um novo recipiente sofisticado todas as vezes. Ela ainda destaca o fato de que a solução permite reduzir consideravelmente a quantidade de plástico colocada no mercado e evitar o descarte no lixo de seis a doze embalagens que raramente são recicladas. No entanto, ainda falta algo: a tampa e a base de carregamento, que são resíduos pequenos demais para serem captados nos centros de triagem para serem reciclados.

"Com nosso desodorante recarregável, enfrentamos um duplo desafio. Primeiro, um desafio ecológico: reduzir em mais de 90% o plástico geralmente jogado fora quando se utiliza um desodorante em barra. Em seguida, um desafio de uso: para que fosse amplamente adotado, o produto tinha de ser fácil de usar... e de recarregar. Portanto, imaginei um sistema de recarga clipável em um invólucro reutilizável: uma vez terminado o desodorante, trocamos só o refil que vem embalado em papel e mantemos o invólucro!"

**Aymeric Grange**, cofundador da 900.care.

## Embalagem recarregável em casa com refil

### La Crème Libre cria recipiente recarregável em concreto

Muitas marcas de cuidados cosméticos já oferecem potes recarregáveis, de plástico ou vidro. Com o Crème Libre, é o concreto que surge no mundo das embalagens reutilizáveis. O refil de 50 mL para recarregá-lo é um pote mais leve em polipropileno (PP), fechado por tampa de alumínio a ser destacada no primeiro uso. Pelo tamanho reduzido, os elementos que constituem o refil são, de fato, resíduos de embalagens muito pequenos para serem capturados nos centros de triagem para serem reciclados, ainda que devam ser colocados em recipientes de coleta seletiva. O invólucro minimalista de papel é totalmente adequado para reciclagem.

**PRÓS:** La Crème Libre coloca à venda seu pote vazio em embalagens minimalistas de papel. Desse modo, comercializa um recipiente recarregável que não pode ser considerado uma embalagem, mesmo que se pareça com uma. Assim, esse pote muito bem trabalhado, que é essencialmente feito de concreto e de alguns pequenos pedaços de cortiça, não se encaixa no quadro regulatório atribuído a embalagens e, portanto, não precisa necessariamente ter uma cadeia de valorização, especialmente porque não se destina a ser jogado fora. Essa perspicácia de colocar no mercado embalagens vazias abre as portas para muitos materiais alternativos, possibilitando a produção de recipientes recarregáveis com refis, que são embalagens.

"Nossos potes, uma verdadeira proposta de embalagem reutilizável, atendem às expectativas do consumidor de transformar o pote de cosmético em objeto decorativo que não seja mais jogado fora. Nossa escolha pelo concreto (material já encontrado em banheiros), está ligada ao seu lado estético, durável e que consome menos energia do que os materiais de embalagem mais tradicionais. A embalagem de nossos refis ecológicos é feita de polipropileno (PP), dos quais 25% são originados de biorrecursos; e é reciclável porque é produzida em monomaterial. Nossas luvas são feitas de papel francês reciclado e reciclável. Nosso refil nos permite reduzir o uso de materiais em 90% em comparação com potes descartáveis da mesma capacidade.

Nossa solução é perfeita. Oferecemos o produto milagroso? Certamente não. O importante para nós é dar ao consumidor a liberdade de fazer escolhas informadas que façam sentido e avançarmos juntos rumo a um consumo mais fundamentado."

**Veronica Susman**, fundadora e CEO da La Crème Libre.

# Embalagem reaproveitável em condições industriais

Para limitar o consumo de embalagens descartáveis, ou mesmo renunciar a elas, os fabricantes não têm escolha a não ser considerar resolutamente as embalagens de uso contínuo. Para acelerar essa transição, a lei antidesperdício para uma economia circular (Agec), da França, já definiu objetivos para o uso de embalagens reaproveitáveis em relação à quantidade de embalagens descartáveis colocadas no mercado: 5% em 2023, depois 10% em 2027. Uma nova abordagem para produtos embalados e embalagens está, portanto, emergindo. Não nos enganemos, não se trata de voltar à garrafa retornável de seis estrelas do século passado, mas de inventar um novo reaproveitamento contemporâneo, com todo um ecossistema adequado de recuperação, limpeza e controle de embalagens, além de perfeito controle dos circuitos logísticos que precisam ser implementados. Muitas experiências estão em curso, tanto em nível local como nacional. Desde a primavera de 2021, por exemplo, a Citeo reuniu em torno de uma mesa fabricantes e agentes do reaproveitamento para identificar embalagens de referência, formas, recipientes, materiais e tipos de fechamento que poderiam ser usados em sistemas de reaproveitamento em escala nacional. Dessas consultas, surgiu o design de uma gama de embalagens-padrão reaproveitáveis, cujas primeiras variedades estarão disponíveis a partir de 2023. Enquanto aguardam por esses padrões, os fabricantes já utilizam as embalagens existentes e as novas soluções que estão sendo desenvolvidas.

A implementação do reaproveitamento não é apenas uma questão de embalagem. Trata-se especialmente de todo um sistema operacional, no qual, certamente, as embalagens desenhadas para uso contínuo em condições industriais desempenham um papel central. Essa embalagem reaproveitável do século XXI ainda está em fase inicial. As iniciativas de start-ups, distribuidores e indústrias estão se multiplicando por toda a França. Elas fornecem informações sobre inúmeras soluções de embalagem em diferentes materiais.

O vidro continua sendo o material percebido como o mais legítimo para a produção de embalagens reaproveitáveis, capazes de garantir de vinte a trinta ciclos. No entanto, muitos agentes da indústria agroalimentar temem, ou mesmo recusam categoricamente, levar o vidro para suas fábricas. O princípio de precaução ligado a vidros quebrados em embalagens, o medo de quebra nas linhas de envase e durante as fases de manuseio serão obstáculos difíceis de superar.

Além disso, outros materiais mais sólidos e inquebráveis, sobretudo os metais, poderiam funcionar muito bem. O aço inoxidável, por exemplo, que é onipresente em todas as fábricas, desde tubulações até tanques de armazenamento, passando pelos equipamentos de preparação do produto, tem toda a legitimidade para se tornar um material ideal para embalagens reaproveitáveis. Assim, o aço inoxidável começa a ser usado para produzir embalagens cujo desempenho não deixa nada a desejar em comparação ao vidro. O alumínio também parece ser um material interessante, porém em menor medida, porque é menos resistente a choques.

Por fim, certos polímeros e compósitos também podem ser perfeitamente adaptados aos requisitos de reaproveitamento. A indústria de embalagens plásticas parece ter compreendido que havia uma questão tão estratégica quanto econômica nessa área. Cada vez mais embalagens plásticas reaproveitáveis são oferecidas para o setor de alimentos prontos. Não existe dúvida de que as soluções chegarão muito rapidamente em muitos setores.

Nove embalagens reaproveitáveis em condições industriais:

- Meteor;
- Coca-Cola;
- Nutella;
- Blédina;
- Bonduelle;
- Nivea;
- Nesquik;
- Système U;
- Maison Verte.

## Embalagem reaproveitável em condições industriais

### Meteor implementou modelo exemplar de embalagem retornável para reaproveitamento

Atualmente, a Meteor vende 5 milhões de litros de cerveja por ano em garrafas de vidro retornadas para reaproveitamento. Cada garrafa garante três a quatro ciclos por ano e pode ser reaproveitada em média 20 vezes. A marca oferece ao cliente a oportunidade de comprar sua cerveja por um preço diferenciado, ou seja, pelo preço inicial deduzido do valor da embalagem, mais um depósito correspondente ao preço do vidro. Esse valor é devolvido ao consumidor quando ele retorna a garrafa. Esse sistema é econômico para o cliente porque ele não paga pela garrafa e é ecológico para a marca, porque permite reduzir em 79% a emissão de $CO_2$ em comparação com o vidro clássico.

**PRÓS:** a cervejaria alsaciana Meteor sempre foi uma defensora do vidro retornável para reaproveitamento. É a solução que a cervejeira considera mais ecológica e mais econômica. A empresa é, inclusive, desde 2019, membro fundador da rede Alsace Consigne, que promove a embalagem retornável na região. Essa rede também serve de modelo para muitos agentes que desejam adotar essa abordagem, a qual, de acordo com todos os estudos, permite economias de $CO_2$ muito significativas em comparação com o vidro descartável.

"A cada ano, a Meteor produz mais de 7 milhões de garrafas retornáveis. Destas, apenas 4% a 5% desaparecem do circuito, porque as pessoas se esquecem de devolvê-las, e eliminamos 2% por causa do desgaste. Em média, uma garrafa será reutilizada cerca de vinte vezes antes de ser destruída e reciclada em fornos de vidro. A embalagem retornável é econômica para o consumidor, pois ele não compra a embalagem, e é ecológica, já que cada garrafa vazia é recuperada pela cervejaria para ser reabastecida após a lavagem. Além disso, a própria água utilizada para essa lavagem é reciclada em nossa estação própria de purificação. Analisamos que o impacto do carbono dos bens retornáveis é quatro vezes menor do que o do vidro perdido ou reciclável."

**Philippe Généreux**, diretor geral da cervejaria Meteor.

## Embalagem reaproveitável em condições industriais

### Coca-Cola está comprometida em desenvolver as vendas com garrafa de plástico reaproveitável

Para produzir embalagens reaproveitáveis para bebidas, muitos pensam principalmente no vidro. No entanto, o plástico, leve e sólido, também pode ser uma boa solução. A Coca-Cola, que se comprometeu a tornar reaproveitáveis 25% dos volumes de bebidas que coloca no mercado até 2030, não o exclui, junto com suas garrafas de vidro retornáveis. Assim, em muitos países, a marca coloca no mercado uma nova garrafa reutilizável de polietileno tereftalato (PET) de 1 L.

**PRÓS:** a Coca-Cola quer desenvolver suas vendas com essa garrafa em polietileno tereftalato (PET) de 1 L pesando 78 g, reaproveitável em suas fábricas de engarrafamento. Amparada pelo sucesso do reaproveitamento em alguns países da América do Sul e também na Alemanha, a marca pretende acelerar a utilização de garrafas reaproveitáveis para utilizar menos recursos, reduzir o desperdício e diminuir significativamente sua pegada de carbono para a qual, em seu caso, a embalagem conta muito.

"As embalagens reaproveitáveis estão entre as formas mais eficazes de reduzir o desperdício, utilizar menos recursos e reduzir a nossa pegada de carbono em favor de uma economia circular. Continuaremos a ajudar e a apoiar mercados que estão na vanguarda das melhores práticas de embalagens reaproveitáveis para que aumentem sua utilização."

**Ben Jordan**, diretor sênior de embalagens e clima da The Coca-Cola Company.

## Embalagem reaproveitável em condições industriais

### Nutella, agora com pote em versão reaproveitável

Este pote, decorado com uma gravura em relevo que representa a identidade visual da marca, foi especialmente projetado para o reaproveitamento. Ele corresponde a todos os critérios necessários para isso: é seguro, higiênico, tem rótulo e selo específicos que podem ser facilmente removidos durante o ciclo de lavagem. Em colaboração com a Loop, uma plataforma comprometida com o reaproveitamento, e o Carrefour, a Nutella está testando o pote como parte de um projeto-piloto em algumas lojas na região de Paris e pretende, eventualmente, utilizá-lo em maior escala.

**PRÓS:** a Nutella oferece seu pote em versão retornável em uma das vinte lojas de teste do Carrefour. Uma vez vazio o frasco, o cliente pode devolvê-lo à loja em uma área de coleta e ser reembolsado pelo valor do depósito por meio de um aplicativo para celular ou diretamente no caixa. Esse pote é recolhido, verificado e limpo, depois é reabastecido pela marca e devolvido ao ciclo, repetidamente. Assim, a marca inclui o reaproveitamento em sua estratégia de aposta na economia circular, em que as embalagens nunca se transformam em desperdício ou poluição.

"No mundo de amanhã, haverá inevitavelmente um aumento no reaproveitamento de embalagens. Não podemos imaginar que as embalagens, cada vez mais caras, permaneçam em uma economia linear. Aspectos econômicos e ecológicos se unirão para fazer da embalagem retornável um padrão de consumo."

**Bertrand Swiderski**, diretor de sustentabilidade do Carrefour.

## Embalagem reaproveitável em condições industriais

### Blédina experimenta potinhos de vidro retornáveis

Após dezoito meses de pesquisa – durante a qual muitos critérios foram estudados de perto, como a compreensão dos usos e a jornada da embalagem retornável para os consumidores, o cálculo da redução da pegada ambiental, a viabilidade industrial, etc. –, a Blédina lançou, em junho de 2021, o teste com potinhos de vidro retornáveis nos hipermercados Carrefour que possuem um quiosque da Loop.

**PRÓS:** a Blédina produziu três séries de 5 mil potes de vidro de 200 g e 400 g de cerca de dez variedades em uma linha-piloto para a realização de seus testes. A marca calculou que o sistema de instruções reduziria os impactos em pelo menos 25% em médio prazo e em até 50% em longo prazo no ciclo de vida de suas embalagens em comparação com seus potes de vidro descartáveis.

"Para esse projeto, e com o objetivo de multiplicar as lições aprendidas, realizamos duas distribuições e recuperações. A da região parisiense, com sistema CRF/Loop, e a do Carrefour, em Brive-la-Gaillarde, onde criamos o nosso próprio merchandising e utilizamos um sistema de recuperação Lemon Tri. Aprender por meio da diferenciação permite-nos tirar conclusões para criar uma futura linha de reaproveitamento que possibilite equilíbrio ecológico e econômico. Ao todo, são três produções no projeto-piloto que realizamos, assim, três vezes 5 mil potes, e até hoje estamos presentes em vinte lojas. Um novo teste exclusivo deve chegar em setembro de 2022."

**Clara Mottier**, intraempreendedora de economia circular da Danone.

## Embalagem reaproveitável em condições industriais

## Bonduelle lança frasco retornável

No âmbito da experiência Loop realizada com o Carrefour, três opções da linha de vegetais Bonduelle são oferecidas em potes retornáveis e reaproveitáveis. Ao se associar a esse projeto, a marca pretende testar seu ciclo de reaproveitamento e suas embalagens específicas, além de conscientizar seus consumidores sobre a economia circular, bem como recolher suas sugestões.

**PRÓS:** a Bonduelle está comprometida com uma abordagem de design ecológico para suas embalagens a fim de reduzir a utilização de materiais de origem fóssil, bem como os resíduos. Neste contexto, a marca está investigando o reaproveitamento por meio desses potes retornáveis. Ela está empenhada em garantir que 100% de suas embalagens sejam recicláveis ou reaproveitáveis até 2025. Assim, desde julho de 2021, oferece três produtos orgânicos e 100% franceses em embalagens de vidro retornáveis cujo valor é de 0,50 € para dar início à aventura do reaproveitamento. Esses frascos, bem como seus rótulos, foram especialmente concebidos para enfrentar os obstáculos do sistema montado pela plataforma Loop, sobretudo no que diz respeito à limpeza.

"Este lançamento é uma nova ação concreta da Bonduelle para respeitar nossos compromissos até 2025: 100% de nossas embalagens projetadas para serem recicláveis ou reaproveitáveis. Além disso, responde às solicitações de nossos clientes e consumidores, que esperam embalagens cada vez mais ecológicas. Esse trabalho com a Loop foi uma oportunidade de colaborar com o espírito empreendedor (em modo start-up), com uma pequena equipe multidisciplinar muito motivada por esse projeto socioambiental. Juntos, conseguimos reinventar nossa forma de trabalhar em um modelo industrial que *a priori* não estava otimizado para lançar a primeira linha de embalagens reaproveitáveis da Bonduelle."

**Arnaud Warusfel**, gestor de desenvolvimento de embalagens da Bonduelle Europe Long Life.

## Embalagem reaproveitável em condições industriais

### Nivea Men participa de projeto-piloto de reaproveitamento para apoiar experiência de desperdício zero para seus clientes

Os frascos de vidro para produtos cosméticos são de tal qualidade e robustez que quase podem, tal como estão, ser utilizados múltiplas vezes. Por isso, não são sistematicamente condenados a serem resíduos de embalagens descartáveis. De qualquer forma, é isso que a Nivea Men deseja testar juntando-se ao projeto-piloto da Loop com um frasco retornável e reaproveitável de bálsamo pós-barba hidratante.

**PRÓS:** a Nivea acredita que o conceito de economia circular desempenha um papel central e constitui um princípio fundamental para o desenvolvimento futuro de embalagens sustentáveis. A marca agora tem como objetivo principal preservar recursos, minimizando embalagens e desenvolvendo soluções de embalagens sustentáveis e reaproveitáveis. Ela dá continuidade ao seu compromisso lançando dois bálsamos pós-barba de sua linha Nivea Men no projeto-piloto de reaproveitamento liderado pela Loop e pelo Carrefour. Eles estão à venda mediante o depósito de 2 €. Uma vez que o produto é usado, o consumidor pode devolvê-los à loja e esse depósito é reembolsado. As embalagens são coletadas, classificadas e limpas e, em seguida, enviadas de volta à Nivea para serem recarregadas. A marca apresenta essa abordagem aos seus consumidores como uma experiência de desperdício zero.

"O reaproveitamento é uma abordagem que testamos por meio da nossa colaboração com TerraCycle/Loop em 2019. Na época, optamos por usar nosso frasco de vidro de After Shave Nivea Men porque o produto é adequado para uso diário e o frasco de vidro continua sendo uma de nossas embalagens mais robustas e adequadas para ciclos de limpeza. Por ser uma iniciativa-piloto, optamos por não desenvolver embalagens específicas. Para uma implantação em maior escala, teríamos, é claro, de otimizar nossas embalagens, oferecendo, por exemplo, um gargalo mais largo para facilitar a limpeza."

**Jérôme Lerouge**, chefe de desenvolvimento de embalagens da Nivea.

## Embalagem reaproveitável em condições industriais

### Nesquik experimenta o reaproveitamento com aço inoxidável

Se aos olhos dos fabricantes e consumidores o vidro aparece como um material óbvio para embalagens reaproveitáveis, o aço inoxidável também parece ser perfeitamente adequado para esse fim. É o que a Nesquik está testando com esta lata lindamente trabalhada que contém 470 g de chocolate em pó. Para incentivar o consumidor a devolvê-la, a fim de que seja reaproveitada, a marca estabeleceu um valor de depósito que chega a 4 €.

**PRÓS:** a Nesquik projetou embalagens específicas de aço inoxidável para lançar o reaproveitamento. A marca as coloca à venda no âmbito do projeto experimental liderado pela Loop no Carrefour em cerca de dez lojas na região de Paris e em seu site de entrega em domicílio. Essa lata robusta e fácil de limpar adapta-se perfeitamente às restrições do reaproveitamento. O valor do depósito é de 4 € para incentivar o consumidor a devolvê-la em vez de guardá-la em casa. De fato, dada a sua qualidade e praticidade, a tentação de guardar a lata para reutilizá-la na cozinha é grande. Para a marca, essa abordagem faz parte de sua transição rumo a embalagens mais sustentáveis.

"O envolvimento de nossas marcas na abordagem Loop continua a reforçar o desejo de iniciar novos projetos para reduzir nosso impacto no meio ambiente. É com essa lógica que criamos o Institute of Packaging Sciences, uma equipe dedicada cuja missão é desenvolver e testar embalagens para o amanhã, que respeitem mais o meio ambiente."

**Mathieu Tuau**, diretor de embalagens e sustentabilidade da Nestlé.

## Embalagem reaproveitável em condições industriais

### Système U utiliza bandeja retornável de aço inoxidável em algumas lojas

Produtos frescos embalados provenientes das categorias açougue, peixaria e charcutaria em algumas lojas U no oeste da França agora são oferecidos em bandejas retornáveis de aço inoxidável. Essa liga, composta por mais de 60% de ferro, carbono e cromo reciclados, tem a propriedade de ser pouco sensível à corrosão e, portanto, não enferrujar. O aço inoxidável é um material tão relevante quanto o vidro para a fabricação de embalagens reaproveitáveis adequadas para contato com alimentos, como essa bandeja. Ela é obviamente mais pesada que um recipiente de plástico, mas é inquebrável e projetada para ser reutilizada mais de cem vezes. Por fim, é 100% reciclável. Durante o acondicionamento, para fechá-la, ela é envolta em filme e rotulada.

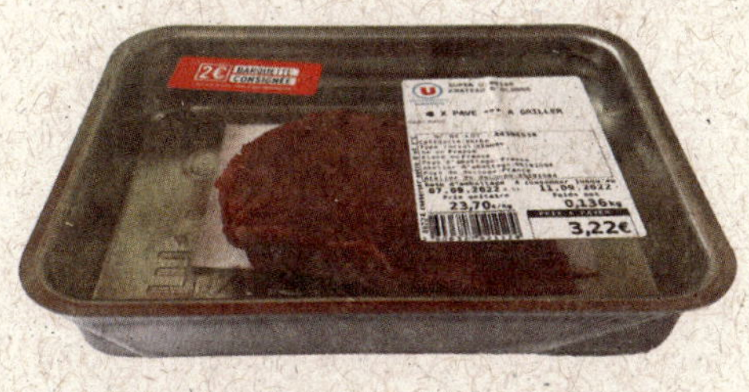

**PRÓS:** a Système U utiliza esta bandeja de aço inoxidável que apresenta de forma qualitativa o que contém, de acordo com uma nova jornada do cliente. No ato da compra, o cliente paga um depósito. Antes de devolver a bandeja, após enxaguá-la, ele deve escanear o código QR gravado no centro para que seja orientado ao local de depósito, geralmente o local de compra, e escolha a forma de reembolso que será acionada automaticamente após a restituição. Uma vez devolvida pelo consumidor, cabe ao seu centro de lavagem com certificação HACCP verificá-la para recolocá-la no circuito, caso atenda aos requisitos em termos de segurança alimentar e aparência. Caso contrário, ela será direcionada para o setor de reciclagem de aço. Além de ser reaproveitável, essa bandeja de aço inoxidável oferece recursos de uso interessantes. Vai ao forno tradicional e pode ser utilizada para apresentação do prato. Além disso, é possível utilizá-la no micro-ondas.

"Em um mundo em mudança, penso que é absolutamente necessário que a economia leve em consideração, simultaneamente, as restrições ambientais e sanitárias. Essa bandeja atende perfeitamente a essa visão, pois essa embalagem reaproveitável de aço inoxidável é algo simples, fácil e saudável, que não assusta os consumidores. É fácil de tratar, de reciclar e de reutilizar e, por isso, estou convencido de que é uma solução muito boa."

**Philippe Gaudin**, CEO e sócio da Super U de Saint-Jean-de-Monts em Vendée.

## Embalagem reaproveitável em condições industriais

### Maison Verte escolhe o alumínio para produzir embalagem reaproveitável

O alumínio também é um material adequado para a fabricação de embalagens reaproveitáveis capazes de suportar muitos ciclos, embora sejam mais sensíveis ao choque. A Maison Verte oferece diversos recipientes reaproveitáveis, retornáveis e fabricados com esse material. Entre eles, o frasco de 600 mL de detergente líquido, equipado com válvula pump, vendido no Carrefour por meio da plataforma Loop com depósito de 3 €. A marca, que já colocou a ecologia no centro de suas preocupações, está convencida de que a embalagem reaproveitável é a solução do futuro para melhor preservar o meio ambiente.

**PRÓS:** a Maison Verte escolheu o alumínio para fabricar suas embalagens reaproveitáveis. Elas são robustas e leves, mas também recicláveis. A empresa as coloca à venda como parte do projeto experimental realizado pela Loop e pelo Carrefour, com depósito de 3 €. As embalagens também são oferecidas por meio de um sistema de assinatura montado pela marca. Na primeira entrega, o assinante recebe um pacote de recipientes de alumínio reutilizáveis, que basta recarregar com refis após o recebimento. Com essas embalagens reaproveitáveis e recicláveis, a marca deseja reforçar ainda mais seu desejo de fazer dos produtos ecológicos os padrões de limpeza do futuro, para preservar sempre mais o meio ambiente.

"Reduzir o impacto ambiental das embalagens sempre esteve no DNA da Maison Verte. A marca é uma das primeiras da França a oferecer embalagens flexíveis de sabão para roupas a fim de reduzir a quantidade de plástico utilizado. Com as embalagens de alumínio, queríamos dar um passo à frente. Sem dúvida, a produção desse tipo de embalagem consome mais energia, mas esse material é mais resistente ao tempo e permite a reutilização infinita do frasco, ao passo que o plástico se degrada. Estamos muito orgulhosos desse progresso, mesmo que continuemos conscientes de que ainda existem desafios a superar. O mais importante é certamente o preço. Na verdade, é uma solução mais cara para a primeira compra. É necessário, portanto, explicar ao consumidor que a primeira compra é um investimento para o futuro e que ele terá retorno com o tempo (basta comprar recargas flexíveis). Esse passo não é fácil de dar, especialmente em uma categoria como os detergentes líquidos para lavar louça, em que a guerra de preços é feroz. Por isso, para nós, trata-se de um grande progresso, com alguns detalhes ainda a serem trabalhados para que a solução seja ideal."

**Maxime Eybert**, gerente júnior de marca da Maison Verte & You da Henkel.

# Embalagem e recipiente reutilizáveis para venda a granel

Todos os estudos realizados sobre o tema granel demonstram que esse modo de venda atrai grande interesse. Os consumidores estão cada vez mais se declarando abertos ao granel por dois motivos principais. O primeiro é poder adquirir a quantidade certa de produto, que atenda exatamente às suas necessidades, e não aquela imposta por uma marca, evitando desperdícios. O segundo é o desejo de reduzir o uso das embalagens descartáveis, seja pela reutilização, seja usando seus próprios potes, caixas e outros recipientes de cozinha; ou, ainda, utilizando recipientes especialmente adaptados para a venda nas seções a granel. Assim, para a maioria dos consumidores, granel é sinônimo de menos ou até mesmo de zero desperdício de embalagens. Para acelerar o movimento, o artigo 23 da Lei do Clima e Resiliência estabelece um rumo vinculativo: a obrigação, a partir de 1º de janeiro de 2030, de que as empresas de varejo cuja área de superfície seja maior ou igual a 400 m$^2$ destinem 20% da área de vendas a produtos apresentados sem embalagem primária, incluindo as vendas a granel, ou seja, um dispositivo com efeito equivalente expresso em número de variedades ou proporcionalmente ao volume de negócios. Para empresas de vendas a granel com área inferior a 400 m$^2$, está também prevista a implementação de um experimento durante um período de três anos para avaliar os métodos de desenvolvimento da venda de produtos apresentados sem embalagem. No entanto, para se servir nas seções, passar pelo caixa e transportar a própria mercadoria, deve-se dispor de recipientes adequados e seguros.

As vendas a granel estão em plena expansão. Já não estão reservadas apenas às lojas especializadas ou somente aos produtos alimentícios. Agora encontramos cada vez mais ofertas de produtos de limpeza e de higiene a granel, em lojas de produtos orgânicos, em algumas drogarias e em muitos supermercados.

Embora as vendas a granel sejam frequentemente apresentadas como sem embalagem e com desperdício zero, o ciclo de vida do granel não é absolutamente isento de embalagens. Assim, os produtos vendidos a granel, como qualquer outro produto, precisam ser acondicionados em embalagens para serem protegidos, preservados e transportados do local de produção até o ponto de venda. Por fim, para comprá-los e levá-los para casa, o consumidor precisa de um recipiente limpo e adequado à conservação do produto e ao volume que deseja. Além disso, esse recipiente precisa ser fácil de preencher com o uso de funis, silos, pás ou outros dispensadores.

Para permitir que os consumidores embalem seus produtos à vontade e com total segurança, cada vez mais lojas colocam à venda, em suas prateleiras, recipientes adequados. Alguns deles, tirando elementos decorativos específicos, parecem exatamente com embalagens descartáveis. Por enquanto, como é o caso das embalagens reutilizáveis em condições industriais, os grandes agentes não têm outra escolha a não ser adquirir com os fabricantes embalagens-padrão descartáveis, de vidro ou plástico. No entanto, para embalagens e recipientes reutilizáveis, estudos e experimentos estão em desenvolvimento e novas soluções estão começando a surgir.

Seis embalagens e recipientes reutilizáveis:

- Cozie;
- Jean Bouteille;
- Biocoop (vidro e papel);
- Biocoop (recarregável);
- Ecodoo;
- CDS.

## Embalagem e recipiente reutilizáveis para venda a granel

### Cozie oferece embalagens retornáveis para serem recarregadas em seu local de produção ou em pontos de venda a granel

Os recipientes retornáveis da Cozie podem ser enchidos de duas maneiras diferentes: pela marca em seu local de produção para serem vendidos cheios ou pelo cliente, na loja, por meio de um distribuidor do produto a granel. Assim, essa marca de cosméticos faz a ligação entre a embalagem reaproveitável em condições industriais e a embalagem reutilizável para venda a granel. Em ambos os casos, a embalagem deixa de ser um resíduo e pode ser reutilizada várias vezes.

**PRÓS:** a Cozie oferece seus produtos cosméticos orgânicos em embalagens retornáveis, laváveis e reutilizáveis. Assim, a marca apresenta-se como uma alternativa ideal de desperdício zero para produtos cosméticos líquidos. Comercializa seus produtos em diferentes redes de distribuição: lojas tradicionais e remotas com embalagens recarregáveis com depósito de 1,50 €; e a granel com a mesma embalagem, acrescida de rótulo específico: o cliente deverá, então, enchê-la em máquinas dosadoras. Com as suas diversas soluções de vendas, a Cozie afirma seu compromisso com a economia circular e o desperdício zero, e é um exemplo perfeito das mudanças que estão ocorrendo tanto no comércio como no setor de embalagens.

"O modelo de economia linear 'extrair-fabricar-descartar' não é sustentável para os recursos planetários. A economia deve se tornar circular. Assim, não há mais desperdício: a embalagem *não* é consumida, é utilizada. Embalagem *não* é um custo, é um ativo.

Todos os cosméticos Cozie estão em recipientes que podem ser reutilizados para o resto da vida. Potes e frascos são todos em vidro, pois é um material fácil de lavar e secar. Para simplificar o processo de lavagem, tem-se o design ecológico das embalagens e a baixa quantidade de opções. Esses recipientes, após a utilização, nos são devolvidos pelos pontos de venda em regime de depósito (taxa de retorno de 50% a 60%) e são lavados seguindo protocolos cosméticos rigorosos. A recarga do frasco se dá em nosso local de produção ou na loja, graças às máquinas a granel que implantamos em toda a França. A reutilização do contêiner permite uma redução de 79% na pegada de carbono."

**Arnaud Lancelot**, fundador da Cozie Cosmétiques.

## Embalagem e recipiente reutilizáveis para venda a granel

### Jean Bouteille usa embalagens de vidro descartáveis para torná-las reutilizáveis na seção a granel

A fim de permitir que os consumidores de produtos líquidos vendidos a granel comprem, transportem, armazenem e consumam esses produtos com total tranquilidade sem gerar resíduos de embalagens, a Jean Bouteille oferece uma variedade de recipientes reutilizáveis. Os pontos de venda parceiros da empresa possuem em suas prateleiras uma linha de embalagens retornáveis, limpas e adequadas aos produtos de sua escolha. Ao combinar vendas a granel e líquidos em embalagens retornáveis e reutilizáveis, o consumidor tem uma alternativa às embalagens descartáveis e pode, assim, reduzir o desperdício.

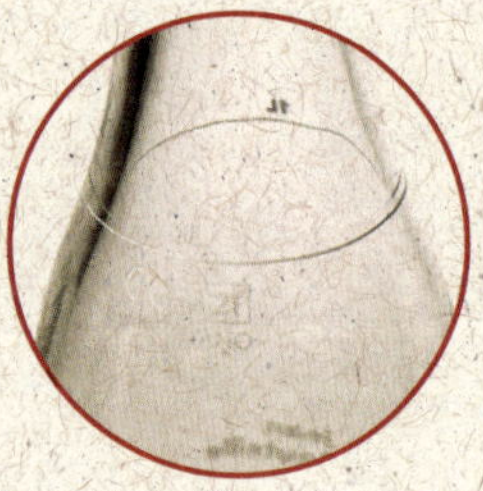

**PRÓS:** a Jean Bouteille oferece garrafas e frascos de vidro clássicos, com diversas capacidades, dependendo do tipo de produtos a serem envasados na loja. Os recipientes são decorados especificamente em função da natureza do produto líquido que se destinam a acomodar. No topo da embalagem, está indicado o nível máximo de envase.

"Até o momento, não existe nenhuma garrafa projetada especificamente para produtos a granel líquidos. Usamos embalagens-padrão, que às vezes são adequadas para reutilização, e em outras vezes, concebidas como embalagens descartáveis. O vidro é de longe o material mais adequado para o granel e a reutilização. É transparente, o que torna seu preenchimento mais fácil. Pode ser limpo com muita facilidade e é totalmente inerte. Também pode ser usado como recipiente. No entanto, muitas vezes é pesado, quebradiço e com um gargalo pequeno demais para permitir boas condições de limpeza. Os volumes atuais ainda não permitem uma oferta competitiva em comparação às embalagens-padrão. Somente a entrada do granel no consumo de massa permitirá aos agentes colocar no mercado embalagens que melhor atendam às necessidades dessa modalidade de consumo."

**Gérard Bellet**, fundador da Jean Bouteille.

## Embalagem e recipiente reutilizáveis para venda a granel

### Biocoop oferece na seção a granel recipientes de vidro e também os feitos principalmente de papel

Os frascos de vidro são perfeitamente adequados para reutilização. Com uma tampa metálica twist-off, fecham-se para garantir a vedação da embalagem. O fato é que eles são pesados e quebráveis. Para produtos que não necessitam desse tipo de vedação hermética, outras soluções feitas de materiais mais leves são possíveis. É isso que a Biocoop oferece com sua caixa composta por papel e plástico.

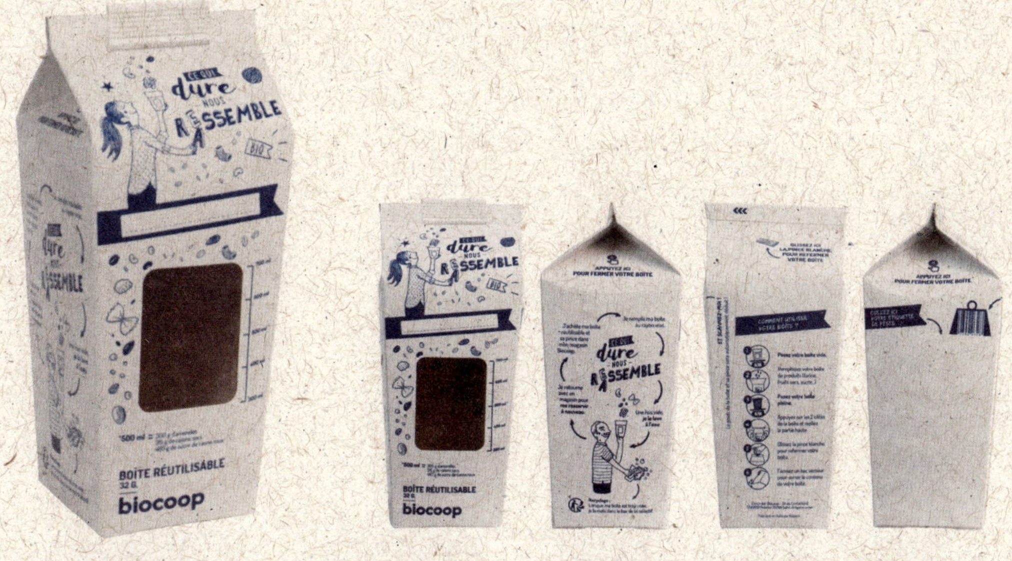

**PRÓS:** a Biocoop disponibiliza a seus clientes embalagens reutilizáveis na seção a granel que, além do nome da marca, estão identificadas com as palavras "*Ce qui dure nous rassemble*" (o que dura nos une, em tradução livre). Trata-se de dois potes de vidro e de uma caixa feita de uma combinação de papel e plástico. Os potes transparentes e a caixa com visor são decorados com inúmeras mensagens e graduações que permitem ao cliente visualizar a quantidade de produto que está sendo utilizada. A transparência também é essencial para verificar o conteúdo ao passar no caixa. Com esses recipientes específicos, a marca demonstra que mesmo para vendas a granel muitas soluções são possíveis.

"Desenvolver e democratizar a compra de produtos sem embalagens descartáveis é um dos grandes objetivos da Cooperativa Biocoop. Atualmente, isso representa 35% do nosso volume de negócios e visamos chegar a 50% até 2025. Os recipientes reutilizáveis e as embalagens domésticas recarregáveis apresentados nesse trabalho ilustram as soluções desenvolvidas e adotadas pelos nossos consumidores."

**Hélène Person**, gerente de marca e inovação da Biocoop.

## Embalagem e recipiente reutilizáveis para venda a granel

### Biocoop sugere que seu recipiente de sabão para roupas seja vendido cheio ou recarregado na seção a granel

A venda a granel também pode possibilitar o reabastecimento de embalagens na loja, inicialmente vendidas cheias. É isso que a Biocoop oferece no caso de seu recipiente para sabão líquido. Essa possibilidade é indicada por um pequeno pictograma que diz: "Recarregue-me".

**PRÓS:** a Biocoop oferece em dispensador a granel o mesmo detergente líquido contido em seu frasco de polietileno de alta densidade (PEAD) de 1 L. Assim, uma vez vazio, o cliente pode retornar à loja e reabastecer seu recipiente. E é possível fazer isso quantas vezes quiser, dada a vida útil quase ilimitada desse recipiente de plástico.

## Embalagem e recipiente reutilizáveis para venda a granel

### Ecodoo transforma frasco clássico feito 100% de plástico reciclado em reutilizável

Vendido vazio na seção a granel, ao lado do dispensador de detergente, o frasco de 1 L feito de polietileno tereftalato reciclado (rPET) é, em todos os aspectos, idêntico às embalagens descartáveis vendidas pelo autoatendimento já cheias nas prateleiras.

**PRÓS:** a Ecodoo coloca à venda uma embalagem vazia feita de polietileno tereftalato reciclado (rPET) que o cliente pode adquirir na primeira compra de sabão a granel. No entanto, isso não oferece nada mais do que os recipientes descartáveis que ele já pode ter em casa para outros produtos. Por isso, vale a pena reutilizá-los quando estiverem vazios. É mais barato e evita que a marca tenha de produzir e transportar embalagens vazias.

## Embalagem e recipiente reutilizáveis para venda a granel

### CDS oferece embalagem de tubo de papel para embalar seus produtos secos e sólidos vendidos a granel

Vendida vazia e destinada a ser abastecida com produtos detergentes e cosméticos em pó, colocados à venda na seção a granel, essa embalagem em tubo de papel com fundo de metal e fechada com tampa plástica é muito comum. Ao reutilizá-la, como diz o rótulo, é necessário limpá-la. No entanto, isso deve ser feito com pano seco, pois o interior da caixa não recebe nenhum tratamento de superfície e, portanto, não é absolutamente à prova d'água. Sua reutilização também deve ser feita com um produto idêntico ao que continha inicialmente, pois, considerando-se a natureza da fórmula e do perfume, o fenômeno de absorção anterior pelas fibras da embalagem é inevitável. A abordagem CDS, por mais louvável que seja, destaca os limites das embalagens existentes que são reutilizadas, mesmo que não tenham sido projetadas para isso.

**PRÓS:** a CDS oferece uma embalagem simples em tubo de papel com fundo de metal e tampa de plástico. A empresa descreve essa embalagem como reutilizável. O cliente pode adquiri-la quando utiliza produtos de limpeza e cosméticos desidratados e sólidos vendidos a granel pela marca e, então, é convidado a reutilizá-la em uma próxima compra. No entanto, dadas as características dessa embalagem, a sua reutilização poderá ser bastante limitada.

**PONTOS DE POSSÍVEL MELHORIA:** essa embalagem não oferece nenhuma propriedade de barreira para proteger seu conteúdo contra umidade e odores. Além disso, permite que os odores migrem para as fibras que a constituem. A limpeza entre duas utilizações, recomendada pela marca, pode ser apenas muito superficial. Além disso, a embalagem é composta por diversos materiais, como papelão com rótulo de papel, aço e plástico. Isso mostra que, mesmo para recipientes para granel, teremos que encontrar a embalagem certa, ou seja, aquela que irá atender a todas as restrições ligadas a essa modalidade de vendas, com o mínimo de recursos possível.

"Por meio de nossas marcas, podemos hoje oferecer linhas de produtos de alto desempenho que respeitam seu corpo e sua casa, e soluções de desperdício zero, a fim de reduzir consideravelmente o consumo de plástico. São a natureza e a urgência ecológica que norteiam nossas escolhas. Nossa missão é fazer todos os dias tudo que for possível para democratizar as vendas a granel. Vamos adotar juntos novos hábitos responsáveis por ajudar a preservar a nossa saúde e a de nosso planeta."

**Patrick Marcesse**, CEO da CDS.

# Enfrentar todos os desafios para que embalagens reutilizáveis e reaproveitáveis tenham um menor impacto ambiental

As pessoas estão cada vez mais convencidas de que o reaproveitamento das embalagens se impõe como uma solução promissora para reduzir o impacto que têm no planeta. No entanto, será necessário que isso se comprove rapidamente na prática. O carregamento doméstico precisará ser reduzido a um dispositivo simples para usar um mínimo de material de embalagem, mantendo-a reciclável. As embalagens industriais reaproveitáveis devem permitir que o máximo de ciclos seja garantido, minimizando seu impacto sobre o aquecimento global e gerando o mínimo possível de poluição. Além de oferecer embalagens leves e adequadas, a venda a granel deve também se desenvolver a partir de soluções que exigem pouca ou nenhuma embalagem para transportar os produtos até os pontos e dispositivos de distribuição.

As verdadeiras soluções são aquelas que não apresentam a mesma forma da embalagem que supostamente devem recarregar. Elas são produzidas a partir de uma quantidade mínima de material. Para enfrentar esse desafio, os fabricantes também terão de questionar suas fórmulas: concentrá-las tanto quanto possível para deixar de acondicionar e transportar água.

Para as embalagens reaproveitáveis em condições industriais, a equação é muito mais complexa e a transição será mais longa. Porque mesmo que o sucesso do reaproveitamento, tanto econômico quanto ambiental, seja baseado em uma gama de embalagens-padrão perfeitamente adaptadas, são principalmente a eficiência do sistema operacional e sua calibração que permitirão alcançar, ou mesmo superar, os objetivos definidos. Estes devem atender a vários prerrequisitos:

- Permitir que as embalagens sejam reunidas em pontos de coleta acessíveis para otimizar os processos de devolução, triagem, lavagem e logística.
- Oferecer uma cobertura territorial completa, de modo a minimizar a distância percorrida por embalagens vazias.
- Facilitar o acesso a embalagens reaproveitáveis para todos os comerciantes, pequenos e grandes.
- Tornar a reutilização mais acessível e mais simples para os consumidores, para que o gesto essencial de devolução da embalagem após a utilização dos produtos seja feito da maneira mais fácil possível.

Por último, no que diz respeito às vendas a granel, é sobretudo no domínio dos dispositivos de distribuição, funis, silos, pás ou outros, que os esforços devem se concentrar agora. O objetivo é abandonar as embalagens de grande volume descartáveis que servem para abastecer esses dispositivos mais ou menos sofisticados de distribuição. O circuito de abastecimento das vendas a granel pode facilmente permitir a implementação da logística reversa que promove o reaproveitamento. Assim, a utilização de funis, silos, pás ou outros distribuidores reutilizáveis que vão e voltam entre o comerciante e o ponto de venda é inteiramente possível. Além disso, esse modo de distribuição de produtos poderia permitir mais respeito às normas sanitárias e aliviar a relutância de certos consumidores que hesitam em mudar para o granel. Dessa maneira, as embalagens dispensadoras multiúso prontas para serem instaladas na prateleira são, sem dúvida, a solução futura mais adequada para a venda de produtos a granel. Trata-se agora de uma questão, como no caso das embalagens reaproveitáveis em condições industriais, de montar toda a logística e os sistemas de limpeza e monitoramento essenciais.

A revolução das embalagens reaproveitáveis e reutilizáveis está agora bem empenhada em avançar para soluções que nada têm a ver com as do passado, antes do advento da distribuição a granel e dos produtos embalados em embalagens descartáveis. Em vez disso, vamos falar sobre a invenção de um novo mundo de produtos embalados em embalagens reaproveitáveis e reutilizáveis.

# O AVANÇO RUMO AO TERCEIRO PERÍODO DA REVOLUÇÃO

Todas as principais áreas de desenvolvimento e soluções apresentadas neste livro demonstram que o setor de embalagens está mudando: papel e papelão procuram tornar-se funcionais, reduzindo sua cota de plástico; plásticos tornam-se cada vez mais circulares, deixando espaço para o desenvolvimento de novos modelos de embalagens – a reutilização e o reaproveitamento.

Mesmo que certas soluções pareçam já ter sido definitivamente adotadas pelos fabricantes, as mudanças são tais que nada é completamente fixo e estamos efetivamente em um período de experimentação.

Os conceitos fundamentais da revolução da embalagem, que já apresentei em meus escritos anteriores, estão confirmadas:

- Renunciar à embalagem quando ela não for essencial e a alguns de seus recursos não essenciais.
- Restringir ao máximo a quantidade de embalagens descartáveis colocadas no mercado.
- Reduzir a quantidade de materiais e o número de componentes utilizados para fabricar embalagens.
- Reciclar 100% das embalagens colocadas no mercado.
- Reintegrar o máximo possível de material reciclado pós-consumo em um ciclo fechado para a produção de novas embalagens.
- Utilizar novos recursos renováveis com baixo impacto sobre o meio ambiente para produzir embalagens.
- Reutilizar e reaproveitar embalagens, porque isso resolverá muitos problemas: menos utilização de matérias-primas, portanto, menos tensão no abastecimento e no esgotamento de recursos; menos resíduos de embalagens a serem tratados; e, por fim, sem dúvida, um modelo econômico mais sustentável.

Este segundo período de experimentação em que nos encontramos vai se prolongar por mais alguns anos para que as novas soluções mais relevantes sejam melhoradas e amadurecidas.

A revolução da embalagem está, portanto, longe de terminar. Industrialistas e distribuidores comprometidos com ela fazem escolhas mais ou menos ousadas, às vezes voltam atrás. Como disse Winston Churchill: "O sucesso não é definitivo, o fracasso não é fatal, é a coragem de continuar que conta", porque o caminho para uma embalagem adequada ainda é longo e repleto de armadilhas.

Não há dúvida, porém, de que qualquer regresso ao passado é impossível e de que os próximos meses ainda serão ricos em inovações, experimentos e desenvolvimento de soluções promissoras.

Então, nos vemos em breve, no terceiro período da revolução da embalagem!

# SOBRE O AUTOR

**FABRICE PELTIER** é um reconhecido especialista em design de embalagens e pioneiro no design ecológico na França, atuando, desde o início de sua carreira, por embalagens responsáveis e que respeitem mais o meio ambiente. É consultor e apoiador da criatividade no design ecológico para todos os setores de embalagens (fabricantes, comerciantes e organizações ecológicas) há mais de trinta anos e frequentemente realiza palestras e escreve para várias revistas profissionais, incluindo a revista *Emballages*, para a qual produz análises de embalagens há mais de vinte anos.

É autor de obras dedicadas ao design de embalagens, incluindo: *L'Eau, source d'innovations* [*A água, fonte de inovações*]; *La Boîte, solution d'avenir* [*A caixa, solução do futuro*]; *Éco-design, chemins vertueux* [*Design ecológico, caminhos virtuosos*]; *Art, échanges créatifs* [*Arte, intercâmbios criativos*] e *Série limitée, objet de collection* [*Série limitada, objetos de coleção*], publicadas pela Pyramyd Éditions, além de *Le design pour les nuls* [*Design para leigos*], editada pela First e que se tornou obra de referência do grande público na área de design. Em 2018, ele escreveu o livro técnico *L'emballage à l'aube de sa révolution* [*A embalagem no princípio de sua revolução*]; em 2020, *La révolution de l'emballage – Première période: l'émergence de nouvelles solutions* [*A revolução da embalagem – Primeiro período: o surgimento de novas soluções*]; incorporado como a parte I desta obra; *Pourquoi et comment entrer dans la Révolution* [*Por que e como entrar na revolução*], em 2021; e *La révolution de l'emballage – Deuxième période: l'expérimentation des nouvelles solutions* [*A revolução da embalagem – Segundo período: a experimentação de novas soluções*], de 2022, que corresponde à parte II deste livro.

Foi eleito localmente como funcionário da prefeitura de Combloux, em Alta Saboia, como responsável pelos resíduos, e é membro do Sitom (Sindicato de Resíduos Domésticos) des Vallées du Mont Blanc, na França. Fabrice Peltier gosta de dizer que ele realmente se dedica às embalagens do "berço ao túmulo".